中国水利教育协会
高等学校水利类专业教学指导委员会
共同组织

全国水利行业"十三五"规划教材（普通高等教育）

水电站电气设备

主　编　马震岳　王　刚

中国水利水电出版社
www.waterpub.com.cn
·北京·

内 容 提 要

本书共分7章，主要阐述了水电站电气设备运行与设计方面的基本理论与原理，同时也介绍了与电气一次系统运行密切相关的二次系统控制与信号的基本理论。本书主要内容包括绪论，电力系统运行与电气设备基本理论，电气一次设备与载流导体，电气主接线、厂用电接线及设计，过电压保护和接地装置，配电装置及水电站电气总布置，水电站电气设备的保护、控制与信号等。书中内容还包括了我国大中型水电站目前常用的电气设备和现场布置情况。为配合教学，便于学生掌握和理解教材内容，每章都附有习题和思考题。

本书主要作为高等院校水利水电工程专业的本科生教材，也可以供其他相关专业的学生、科研和工程技术人员参考。

图书在版编目（CIP）数据

水电站电气设备 / 马震岳，王刚主编. -- 北京 : 中国水利水电出版社，2017.5(2024.1重印)
全国水利行业“十三五”规划教材. 普通高等教育
ISBN 978-7-5170-5435-1

Ⅰ. ①水… Ⅱ. ①马… ②王… Ⅲ. ①水力发电站－电气设备－高等学校－教材 Ⅳ. ①TV734

中国版本图书馆CIP数据核字(2017)第114999号

书　　名	全国水利行业“十三五”规划教材（普通高等教育） **水电站电气设备** SHUIDIANZHAN DIANQI SHEBEI
作　　者	主编　马震岳　王　刚
出版发行	中国水利水电出版社 （北京市海淀区玉渊潭南路1号D座　100038） 网址：www. waterpub. com. cn E - mail：sales@mwr. gov. cn 电话：（010）68545888（营销中心）
经　　售	北京科水图书销售有限公司 电话：（010）68545874、63202643 全国各地新华书店和相关出版物销售网点
排　　版	中国水利水电出版社微机排版中心
印　　刷	北京印匠彩色印刷有限公司
规　　格	184mm×260mm　16开本　10印张　237千字
版　　次	2017年5月第1版　2024年1月第2次印刷
印　　数	3001—5000册
定　　价	**30.00**元

重印前言

水电站是利用水轮机将水流蕴含的势能或动能转化为机械能、再进一步利用发电机转化为电能的工厂。水力发电属于清洁可再生能源，我国水电装机规模已超 4 亿 kW，高居世界第一，水电开发为我国经济社会高速可持续发展提供着源源不断的清洁动力，在实现双碳目标战略中发挥着重要作用。抽水蓄能目前是电力系统中最可靠、最经济、容量最大和技术最成熟的储能方式，担负着重要的调峰、调频、调相和事故备用功能，截至 2022 年底，我国抽水蓄能电站已建和在建装机规模达到 1.6 亿 kW。2018 年 4 月，习近平总书记在考察三峡工程时指出，我们要靠自己的努力，大国重器必须掌握在自己手里。2022 年 12 月，习近平总书记在致金沙江白鹤滩水电站首批机组投产发电的贺信中指出：" 白鹤滩水电站是实施'西电东送'的国家重大工程，是当今世界在建规模最大、技术难度最高的水电工程。全球单机容量最大功率百万千瓦水轮发电机组，实现了我国高端装备制造的重大突破。" 经过几十年的不懈奋斗，中国水电整体技术水平已跃居世界领先地位：三峡水电站总装机容量 2250 万 kW，为世界第一大水电站；白鹤滩水电站装机容量 1600 万 kW，为世界第二大水电站，1000MW 机组为世界最大单机容量水轮发电机组；超高压输电线路交流电压 1000kV、直流 800kV，居于世界领先水平。

水电站的核心装备是水轮发电机组和变压器、开关站等相关电气设备，水电站主副厂房等土建工程主要为其提供运行空间和支承基础。可见，电气设备的设计制造水平和安全稳定性直接影响水电站的安全和高效运行。为适应国家对提高人才创新能力的迫切要求，迫切需要将典型的大中型水电站电气设备的最新成果写到教材里，并做到深广兼顾、理实结合，以期引起广大学生的兴趣和重视，从而为国家基础设施建设培养更好更多的高水平创新人才。

"水电站电气设备"是水利水电工程专业学生需掌握的一门专业课程，只有充分了解了水电站电气设备的基本工作原理、类型、配置、选型布置设计方法和安全使用规则，才能更好地掌握水电站各种建筑物合理布置和结构设计的解决方案，对学生形成系统完善的专业知识体系具有重要作用。近些年来，随着我国水电事业的迅猛发展，许多大型和巨型工程不断上马和建成，水电站的总装机容量和单机容量也不断增大，由此也出现了许多新型的更为复杂的电气设备，急需将这些新知识新技术融入教材。此外，随着水电站装机容量和电气设备尺寸的增大，电气设备的安全问题也日益受到重视。

本教材以普及专业知识为主，着重对水电站电气设备相关的基本知识、工作原理及理论依据进行介绍，未过多涉及电气设备选择与设计相关的理论与分析计算方法。本教材主要内容包括电力系统运行与电气设备的基本原理与特性、电气一次设备与载流导体的类型及特点、电气主接线与厂用电接线的类型与设计原则、过电压保护原理和接地装置的设置、配电装置基本理论与水电站电气总体布置原则、水电站电气设备保护、控制与信号的基本理论等。书中内容还包括了我国大中型水电站目前常用的电气设备和现场布置工程案例。为配合教学，便于学生掌握和理解教材内容，每章都附有习题和思考题。

本教材由大连理工大学水利水电工程专业具有相关课程教学经验和工程研究经历的教师编写完成。全书共分 7 章，第 1 章由马震岳编写，第 2 章、第 3 章、第 4 章、第 7 章由王刚编写，第 5 章由张宏战编写，第 6 章由陈婧编写。全书由马震岳和王刚统稿。

本教材获得了大连理工大学教育教学改革基金项目资助。本教材编写过程中，借鉴了以往教材、专著、论文和规范规程中的部分成果，也得到了校内外有关同志和专家的帮助和支持，不能一一具名致谢，在此一并致以衷心的感谢！

由于编者水平有限，且电力系统和电气设备的理论突破与技术进步更呈加速态势，本次重印除个别文字错误的纠正外没有进行大的增补和更新，书中不免存在错误和不足之处，敬请读者给予批评指正。

编　者

2024 年 1 月

前言

水电站的核心装备是发电机组及相关机电设备，水电站厂房等土建工程主要为其提供运行空间，可见，电气设备的安全问题直接影响水电站的安全和高效运行。为适应国家对提高人才创新能力的迫切要求，将典型的大中型水电站电气设备的内容写到教材里，并做到深广兼顾、结合工程实际，以期引起广大学生的注意和兴趣，从而为国家的基础设施建设培养更好更多的优秀创新人才。

水电站电气设备是水利水电工程专业学生需掌握的一门专业课程，只有先了解了水电站电气设备的基本工作原理、类型、配置、安全使用和布置设计方法，才能更好地掌握水电站各种建筑物的结构设计和合理布置的解决方法，对完善学生的专业知识有着重要作用。近些年来，随着我国水电事业的迅猛发展，许多大型和巨型工程不断上马和建成，水电站的单机容量也不断增大，由此也出现了许多更为复杂的新型电气设备，急需将这些新知识新技术融入教材。此外，随着水电站装机容量和电气设备尺寸的增大，电气设备安全问题也日益受到重视。

本教材以普及专业知识为主，着重对水电站电气设备相关的基本知识、原理及理论进行介绍，未过多涉及电气设备选择与设计相关的理论计算与分析方法。本教材主要内容包括电力系统运行与电气设备的基本原理与特性、电气一次设备与载流导体的类型及特点、电气主接线与厂用电接线的类型与设计原则、过电压保护原理和接地装置的设置、配电装置基本理论与水电站电气总体布置原则、水电站电气设备保护、控制与信号的基本理论等。书中内容还包括了我国大中型水电站目前常用的电气设备和现场布置情况。为配合教学，便于学生掌握和理解教材内容，每章都附有习题和思考题。

本教材由大连理工大学水利工程学院具有相关课程教学经历的教师编写完成。全书共分 7 章，第 1 章由马震岳编写，第 2 章、第 3 章、第 4 章、第 7 章由王刚编写，第 5 章由张宏战编写，第 6 章由陈婧编写。全书由马震岳和王刚统稿。

本教材获得了大连理工大学教育教学改革基金项目资助。本教材编写过程中，借鉴了以往教材、专著中的部分成果，得到了校内外有关同志和专家的帮助和支持。在此一并致以衷心的感谢。

由于编者水平有限，书中不免存在缺点、错误和不足之处，敬请读者给予批评指正。

编 者

2017 年 1 月

目 录

第1章　绪　　论

1.1　我国电力工业发展概况

1.1.1　电力工业发展历程

由于电能便于长距离输送和分配，又容易转化为机械能、热能，同时又是信息的重要载体，因而它一经得到工业规模的生产，就由最初用于电照明、电报迅速扩展到电动力以致整个工业生产的各部门。

1882年7月，在上海成立了上海电气公司，安装了第一台以蒸汽机带动的直流发电机，并从电厂到外滩沿街架线，正式发电后供给照明用电，形成了我国第一座火电厂。和世界第一座火电厂（于1875年建成的法国巴黎北火车站电厂）相距仅7年，和美国第一座火电厂（于1879年建成的旧金山实验电厂）相距3年，和英国的第一座火电厂（伦敦霍尔蓬电厂）同年建成，这说明当年我国电力建设和世界强国差距并不大。

但是，从1882年至1949年新中国成立，在60多年中我国经历了辛亥革命、国内军阀割据、抗日及解放战争，长期战火不断，导致这段时期我国电力工业发展迟缓。至1949年全国发电设备总装机和发电量仅为184.86万kW和43.1亿kW·h，分别居世界第21位和第25位，人均年占有量不足10kW·h。当时我国的电力系统大多是大城市发、供电系统，跨地区的有东北中部和南部的154kV、220kV电力系统、东北东部的110kV电力系统（分别以丰满、水丰和境泊湖等水电站为中心）及冀北电力系统。

新中国成立以后，我国电力工业有了很大发展，尤其是1978年以后，随着改革开放、发展国民经济正确决策的实施，综合国力迅速得以提高，也使得电力工业取得突飞猛进、举世瞩目的辉煌成就。到1995年末，全国发电量达到10000亿kW·h，仅次于美国而跃居世界第二位；全国发电设备总装机容量达2.1亿kW，当时居世界第三位。1996年底，我国发电装机容量和年发电量均居世界第二位，超过了俄罗斯和日本，仅次于美国，成为名副其实的电力大国。

经过50多年的艰苦奋斗，成就了我国电力工业的灿烂辉煌。2006年年底，全国电力装机容量突破6亿kW。短短的一年时间，2007年年末，全国电力装机容量再上新台阶，一年新增装机容量超过1亿kW，突破了7亿kW，达到7.133亿kW，同比增长14.36%。从电力生产情况看，全国发电量达到32559亿kW·h，同比增长14.44%。全国日发电量首次达到100亿kW·h，电力生产基本满足社会用电需求，从而有条件关闭大批小型火电站，为全国节能与二氧化碳减排作出了重要贡献。

截至2013年年底，全国发电总装机容量达到12.47亿kW，跃居世界第一位。其中，火电8.62亿千瓦，占全部装机容量的69.13%，自1978年以来首次降至70%以下，同时，清洁能源占比也首次突破30%。

我国电力工业的飞速发展还体现在电力系统电压等级、电厂规模和单机容量的大幅度提高上。

1972年建成了我国第一条超高压330kV输电线路，由甘肃刘家峡水电站到陕西关中地区；1981年建成了第一条超高压500kV输电线路，由河南姚孟火电厂到武汉；2005年9月，我国第一个超高压750kV输变电工程正式投入运行，这是我国电力工业发展史上一个新的里程碑，750kV输变电工程是西部大开发的一项重点工程，这一示范工程的建成投产，标志着我国电网建设和输变电设备制造水平跨入世界先进行列；2006年8月我国特高压试验示范工程1000kV晋东南—南阳—荆门工程正式奠基，于2008年12月底完成系统调试投入试运行，该试验示范工程于2010年8月12日通过国家验收，我国进入了特高压交直流混合电网运行时代，2015年我国特高压电网形成了“三纵三横一环网格局”。

除超高压交流输电外，1988年还建成了从葛洲坝到上海南桥的±500kV高压直流输电线路，全长1080km，输送容量120kW，使华中和华东两大电网互联，形成了跨大区的联合电力系统；2006年12月云广特高压直流输电工程开工，这也是世界首个±800kV特高压直流输电工程，是继1000kV特高压交流试验示范工程全线开工建设、稳步推进后，我国电力工业发展史上具有重要里程碑意义的又一件大事，标志着我国特高压电网建设又迈出了重要的一步；之后又有若干条±800kV特高压直流输电工程投入建设或规划，如向家坝—上海、锦屏—苏南、哈密南—郑州等，2015年7月我国启动了准东（新疆）—华东（皖南）±1100kV特高压直流输电工程建设，是目前全世界输电容量最大、输电距离最长、技术创新最多的首个±1100kV高压直流输电工程。

现在，我国最大的火电机组单机容量110万kW（新疆农六师煤电二期），最大水电机组容量80万kW（向家坝水电站），最大的核电机组容量175万kW（台山核电站）；最大的火力发电厂总装机容量540万kW（内蒙古托克托火电厂），最大的水力发电厂2240万kW（三峡水电站），最大的核能发电厂305万kW（秦山核电厂），最大的抽水蓄能电厂240万kW（广州抽水蓄能电厂）。

目前，我国电力工业已形成节能减排、高度自动化、西电东送、南北互供、特高压交直流联合供电的格局。华东、华北、东北和华中四大电网的容量均已超过4000万kW。

1.1.2　我国水电发展概况

我国水力发电始于1912年，在云南昆明附近的螳螂川上建成了石龙坝水电站，装有两台240kW的水轮发电机组。这是我国水力发电的起点。

新中国成立以来，中国的水电建设从小到大、从弱到强不断发展壮大。20世纪50年代至60年代初，主要修复丰满大坝和电站，续建龙溪河、古田等小型工程，着手开发一些中小型水电站。50年代后期条件逐步成熟后，对一些河流进行了梯级开发，如狮子滩等工程。60年代中期到70年代末这段时间开工的有龚嘴、映秀湾等工程。70年代初第一座装机容量超过100万kW的刘家峡水电站投产。80年代，容量271.5万kW的葛洲坝水电站建成，之后一系列大型水电站相继建设，其中三峡工程于1994年正式开工，2008年26台70万kW的水轮发电机组全部投入使用，年均发电量达847亿kW·h。

2004年，随着黄河公伯峡水电站首台30万kW机组投产，我国水电总装机容量突破了1亿kW，跃居世界水电装机容量首位。金沙江上游、大渡河、雅砻江、黄河上游、澜沧江等流域各梯级电站相继立项、开工及建成，水资源极其丰富的“三江”流域及西藏雅鲁藏布江将成为中国未来水电开发的主战场。

1.2 电力系统概述

1.2.1 电力系统基本概念

电能是由一次能源（如煤炭、石油、天然气、水能、风能等）经加工转换而成的能源，为二次能源。电能的开发和应用，是人类征服自然过程中所取得的具有划时代意义的光辉成就。自从有了电，消除了黑夜对人类生活和生产劳动的限制，大大延长了人类用于创造财富的劳动时间，改善了劳动条件，丰富了人们的生活。在现代文明中，电被视为与空气和水一样重要的资源，可以想象，如果没有了电能，现代文明社会将不复存在。

将各种一次能源转变成电能的工厂，称为发电厂。发电厂把各种形式的一次能源转换成电能，电能再经过变压器和不同电压等级的输电线路输送并分配到用户，最后通过各种用电设备转换成适合用户需要的各种形式的能量。由生产、传输、分配和消耗电能的各种电气设备连接在一起而组成的整体为电力系统。电力系统通常包括发电厂、升压变电站、降压变电站、输配电线路及用电设备。

按一次能源的不同，发电厂分为火力发电厂（以煤炭、石油和天然气为燃料）、水力发电厂（以水的位能作动力）以及核能发电厂、风力发电厂、地热发电厂、太阳能发电厂、潮汐发电厂等。火电厂的汽轮机和锅炉，水电厂（或水电站）的水轮机和水库，核电厂的反应堆，风电厂的风力机等则属于与电能生产相关的动力部分。这些动力部分与电力系统合在一起统称为动力系统。

电力系统中输送和分配电能的部分称为电力网，它包括升压、降压变压器和各种电压等级的输电线路。

动力系统、电力系统和电力网三者的联系和区别如图1.1所示。需说明的是，在交流电力系统中，发电机、变压器、输配电设备都是三相的，这些设备之间的连接状况在用电力系统接线图表示时，为简单起见，一般都用单线来表示。

1.2.2 电力系统的额定电压和额定频率

由于输送和分配电能的需要，电力系统由多个层次的电压等级组成。不同电压等级之间靠电力变压器连接。这些不同的电压等级是由国家规定的标准电压，又称额定电压。

制定标准电压是基于以下主要原因：

(1) 对应于一定的输送功率与输送距离，具有一个最佳的输电电压。

(2) 从设备制造的经济性以及运用时便于代换方面考虑，电压等级必须规格化、系列化，且电压等级不宜过多。

三相导线中的损耗一般表示为

$$\Delta P = 3I^2R_L = 3\left(\frac{P}{\sqrt{3}U_N\cos\varphi}\right)^2\rho\frac{l}{S} = \frac{P^2\rho l}{U_N^2\cos^2\varphi\cdot S} \tag{1.1}$$

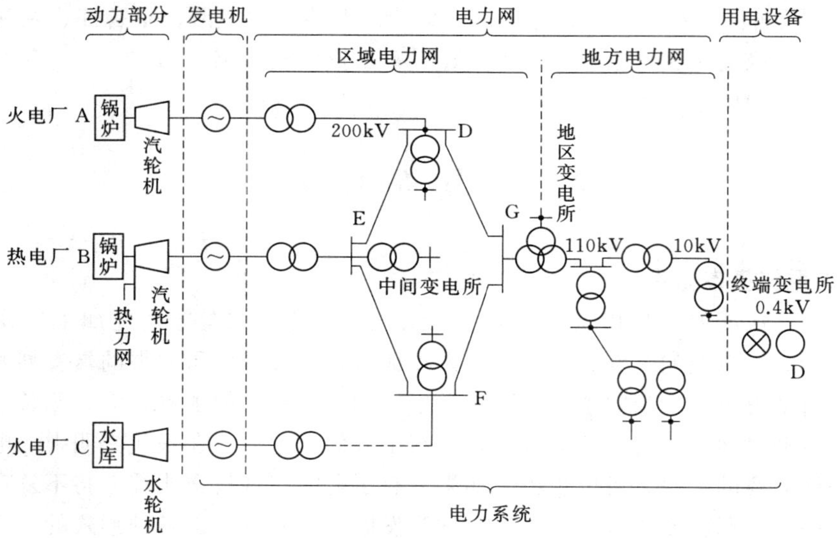

图 1.1　动力系统、电力系统和电力网

式中：I 为线路电流，kA；R_L 为单回线路的电阻，Ω；ΔP 为三相线路的功率损耗，MW；P 为三相电路的输送功率，MW；ρ 为导线的电阻率，$\Omega \cdot mm^2/km$；l 为输送距离，km；S 为导线截面积，mm^2；$\cos\varphi$ 为负载功率因素；U_N 为三相线路的线电压，kV。

假定已经确定 P、l、$\cos\varphi$ 及 ρ，那么线损就由截面积和线电压决定。也就是说，要减少线损只有增加导线截面积和提高输送电压。而增加导线截面积必然增加导线材料及其成本，而提高电压对于线路成本相对增加较小。但是，电压越高对绝缘的要求也越高，杆塔、变压器、断路器的绝缘投资也越大。

我国国家标准规定的高压交流电送电电压为 3kV、6kV、10kV、35kV、110kV、220kV、330kV、500kV、750kV 和 1000kV。而高压直流电送电电压为 ±500kV、±800kV 和 ±1100kV。到 2020 年前后，国家电网特高压交直流混联骨干网架将基本形成。表 1.1 列出了我国现行的交流额定电压等级情况。

表 1.1　　我国交流电力网和电气设备的额定电压（线间电压）　　单位：kV

电力网额定电压	用电设备额定电压	交流发电机线电压	变压器线电压	
			一次绕组	二次绕组
0.22	0.22		0.22，0.23	0.23
0.38	0.38		0.38，0.4	0.4
3	3	3.15	3，3.15	3.15，3.3
6	6	6.3	6，6.3	6.3，6.6
10	10	10.5	10，10.5	10.5，11.0
—	—	13.8	13.8	—
—	—	15.75	15.75	—

续表

电力网额定电压	用电设备额定电压	交流发电机线电压	变压器线电压	
			一次绕组	二次绕组
—	—	23	23	—
35	35		35	38.5
110	110		110	121
220	220		220	242
330	330		330	363
500	500		500	550
750	750		750	800
1000	1000		1000	1100

根据表 1.1，用电设备、线路、发电机与变压器的额定电压之间的关系说明如下。

(1) 电网（线路）的额定电压。由于线路运行时（有电流通过时）要产生电压降，所以线路上各点的电压都有所不同。线路始端比末端电压高，因此供电线路的额定电压采用始端电压和末端电压的算术平均值，这个电压也是电力网的额定电压，如图 1.2 所示。它是确定各类电力设备额定电压的基本依据。

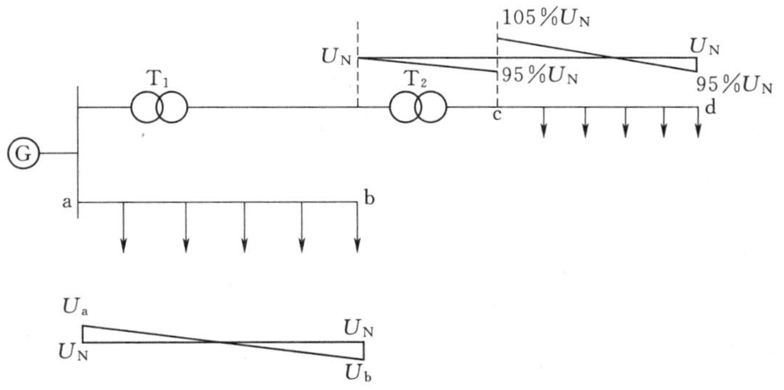

图 1.2 电力网的电压分布

(2) 用电设备的额定电压。用电设备的电压与同级电网的额定电压相同。图 1.2 中，线段 ab 范围内用电设备的端电压将各不相同。所有用电设备是在接近线路额定电压的特定范围内工作。

(3) 发电机的额定电压。由于电力线路允许的电压偏差一般为±5%，即整个线路允许有 10%的电压损耗值，因此为了维持线路的平均电压在额定值，线路首端（电源端）的电压可较线路额定电压高 5%，而在末端则可较线路额定电压低 5%，所以发电机额定电压规定高于同级电网额定电压 5%。

(4) 电力变压器的额定电压。

1）电力变压器一次绕组的额定电压。当变压器直接与发电机相连时，其一次绕组额定电压与发电机额定电压相同，即高于同级电网额定电压的 5%；当变压器不与发电机相连接而是接在线路上时，其一次绕组的额定电压与电网额定电压相同。

2）电力变压器的二次绕组的额定电压。变压器二次供电线路较长时，其二次绕组的额定电压应比相连电网的额定电压高10%；变压器二次侧供电线路不长时，其二次绕组高于所连电网额定电压5%即可。

我国电力系统的额定频率为50Hz，一般情况允许的偏差不超过±0.5Hz，即频率的波动范围在49.5～50.5Hz内视为符合要求。

1.2.3　电力系统的优越性

把孤立运行的发电厂通过电力网连接起来形成电力系统后，将在技术经济上带来很大好处。

（1）提高了供电的可靠性。系统中一个发电厂发生故障时，其他发电厂仍可以向用户供电；一条输电线路发生故障，用户还可以从系统中的其他线路获取电源。可见，具有合理结构的电力系统可靠性得到了大大提高。

（2）提高了供电的稳定性。电力系统容量较大，个别大负荷的变动即使有较大的冲击，也不会造成电压和频率的明显变化。小容量电力系统或孤立运行的发电厂则不同，较大的冲击负荷很容易引起电网电压和频率的较大波动，影响电能质量。

（3）提高了发电的经济性。电力系统可以获得多方面的经济效益。

1）充分利用动力资源。如果没有电力系统，很多能源就难以充分利用。在电力系统中，可实现水电和火电之间的相互调剂，丰水期可多发水电，少发火电，节约燃料；枯水期则多发火电以保证电能的供给。

2）提高发电的平均效率和其他经济指标。只有在大的电力系统内才能采用大容量的机组，从而获得较高的发电效率、较低的相对投资和较低的运行维护费用。此外，在电力系统内，在各发电厂之间可以合理地分配负荷，可以让效率高的机组多发电，在提高平均发电效率上实现经济调度。

3）减小总装机容量。电力系统中的综合最大负荷常小于各发电厂单独供电时各片最大负荷的总和。这是因为不同地区间负荷性质的差别、负荷的东西时差及南北季差等。若干发电厂通过电力系统运行时，有利于错开各地区的高峰负荷，减小系统中的综合最大负荷，从而减小了总工作容量。另外，各发电厂的机组之间可以相互备用，还可以错开检修时间，减小备用容量。

1.2.4　电力系统运行的基本要求

电力系统有如下运行特点：①电能的生产和使用同时完成；②正常输电过程和故障过程都非常迅速；③具有较强的地区性特点；④与国民经济各部门关系密切。

基于电力系统的上述特点和电力工业在国民经济中的作用和地位，电力系统需要满足一些基本要求，简单概括为：安全、可靠、优质、经济。

（1）保证供电的安全可靠性。这是对电力系统运行的基本要求。为此，电力系统各部门应加强现代化管理，提高设备的运行和维护质量。应当指出，目前要绝对防止事故的发生是不可能的，而各种用户对供电可靠性的要求也不一样。因此，应根据电力用户的重要性不同，区别对待，以便在事故情况下把给国民经济造成的损失限制到最小。通常将电力用户分为三类：

Ⅰ类用户。指由于中断供电会造成人员伤亡或在政治、经济上给国家造成重大损失的用户。对该类用户通常应设置两路以上相互独立的电源供电，其中每一路电源的容量均应保证在此电源单独供电的情况下就能满足用户的用电要求。确保当任一路电源发生故障或检修时，都不会中断对用户的供电。

Ⅱ类用户。指由于中断供电会在政治、经济上造成较大损失的用户。对该类用户应设专用供电线路，条件许可时也可采用双回路供电，并在电力供应出现不足时优先保证其电力供应。

Ⅲ类用户。一般指短时停电不会造成严重后果的用户，如小城镇、小加工厂及农村用电等。当系统发生事故，出现供电不足的情况时，应当首先切除Ⅲ类用户的用电负荷，以保证Ⅰ、Ⅱ类用户的用电。

(2) 保证电能良好的质量。频率、电压和波形是电能质量的三个基本指标。当系统的频率、电压和波形不符合电气设备的额定值要求时，往往会影响设备的正常工作，危及设备和人身安全，影响用户的产品质量等。因此要求系统所提供电能的频率、电压及波形必须符合其额定值的规定。其中，波形质量用波形总畸变率来表示，正弦波的畸变率是指各次谐波的有效值平方和的方根值占基波有效值的百分比。

我国规定电力系统的额定频率为50Hz，大容量系统允许频率偏差±0.2Hz，中小容量系统允许频率偏差±0.5Hz。35kV及以上的线路额定电压允许偏差±5%；10kV线路额定电压允许偏差±7%，电压波形总畸变率不大于4%；380/220V线路额定电压允许偏差±7%，电压波形总畸变率不大于5%。

(3) 保证电力系统运行的稳定性。当电力系统的稳定性较差，或对事故处理不当时，局部事故的干扰有可能导致整个系统的全面瓦解（即大部分发电机和系统解列），而且需要长时间才能恢复，严重时会造成大面积、长时间停电。因此稳定问题是影响大型电力系统运行可靠性的一个重要因素。

(4) 保证运行人员和电气设备工作的安全。这一要求是电力系统运行的基本原则。在设计时，合理选择设备，使之在一定过电压和短路电流的作用下不致损坏；另一方面还应按规程要求及时地安排对电气设备进行预防性试验，及早发现隐患，及时进行维修。在运行和操作中要严格遵守有关的规章制度。

(5) 保证电力系统运行的经济性。电能成本的降低不仅会使各用电部门的成本降低，更重要的是节省了能量资源，因此会带来巨大的经济效益和长远的社会效益。为了实现电力系统的经济运行，除了进行合理的规划设计外，还须对整个系统实施最佳经济调度，实现火电厂、水电站及核电厂负荷的合理分配，同时还要提高整个系统的管理水平。

1.3 水电站电气设备概述

水电站是利用水能生产和分配电能的工厂，通常装设如下主要电气设备。

1.3.1 一次设备

直接参与生产和分配电能的电气设备称为一次设备，它通常包括以下五类。

(1) 能量转换设备。如发电机、变压器、电动机等。发电机和主变压器是电站的主体，简称主机主变。

(2) 开关设备。这类电器用于电路的接通和开断。按作用及结构特点，开关电器又分为以下几种：

1) 断路器。不仅能接通和开断正常的负荷电流，也能开断短路电流。它是作用最重要、功能最完善的开关电器。

2) 隔离开关。主要用于设备或电路检修时隔离电源，造成一个可见的、足够的空间距离。

3) 熔断器。可用于开断过负荷电流或短路电流，切除故障回路。

4) 负荷开关。允许带负荷接通和开断电路，但其灭弧能力有限，不足以开断短路电流。将负荷开关和熔断器串联在电路中，便大体上相当于断路器的功能。

按功能又将开关电器分为保护电器、操作电器和隔离电器三类。在电路故障时能开断一定的短路电流以切除故障电路的，称为保护电器；能接通和开断一定的负荷电流的，称为操作电器；不能开断负荷电流，起隔离电源作用的，称为隔离电器。熔断器纯属保护电器；隔离开关是隔离电器；负荷开关为操作电器，有时也兼作隔离电器；断路器则即是保护电器，又是操作电器。

(3) 载流导体。该类设备有母线、电缆和绝缘子等，用于电气设备或装置间的连接，通过强电流传递功率。

母线是裸导体，需要用绝缘子支撑和绝缘。

电缆是绝缘导体，并且有密封的封包层以保护绝缘层，外面还有销装或塑料保护套以保护封包。

(4) 互感器。互感器分为电压互感器和电流互感器，分别将一次侧的高电压或大电流按变比转变为二次侧的低电压或小电流，以供给二次回路的测量仪表和继电器。

(5) 电抗器和避雷器。电抗器主要用于限制电路中的短路电流，避雷器则用于限制电气设备的过电压。

1.3.2　二次设备

对电气一次设备、机械设备及水工建筑物等的工作状况进行监测、控制和保护的辅助性电气设备，称为二次设备。例如各种电气仪表、继电器、自动控制设备、信号及控制电缆等。二次设备不直接参与电能的生产和分配过程，但对保证主体设备正常、有序地工作和发挥其运行经济效益，起着十分重要的作用。

习题与思考题

1.1　何谓电力系统、动力系统及电力网？

1.2　电力系统具有哪些优越性？电力系统运行需满足哪些基本要求？电能质量的主要指标是什么？

1.3　何谓电力系统额定电压？我国电网和用电设备的额定电压有哪些等级？

1.4　什么叫电气一次设备和二次设备？开关电器主要有哪些类别，功能有何差异？

第 2 章　电力系统运行与电气设备基本理论

2.1　电力系统中性点的运行方式

电力系统的中性点是指星形连接的变压器或发电机的中性点。这些中性点的运行方式是比较复杂的问题，它关系到绝缘水平、通信干扰、接地保护方式、电压等级和系统接线等很多方面。我国电力系统中性点运行方式大致分为：直接接地、不接地和经消弧线圈接地。其中中性点直接接地系统也称为大接地电流系统，后两种则称为小接地电流系统。

2.1.1　中性点直接接地系统

中性点直接接地系统的供电可靠性低。因为这种系统中一相接地时，出现了除中性点外的另一个接地点，构成回路短路，接地相电流很大，为了防止损坏设备，必须迅速切除接地相甚至三相。

在电压等级较高的系统（220kV 及以上）中，因绝缘费用在设备总价格中占相当大的比重，降低绝缘水平带来的经济效益很明显，所以一般都采用中性点直接接地方式，此时通过采用其他措施提高供电可靠性。例如，现阶段采用的高速继电保护、高速断路器和自动重合闸等措施可大大提高中性点直接接地系统的供电可靠性和稳定性。

2.1.2　中性点不接地系统

中性点不接地系统的供电可靠性高，但是绝缘水平的要求也高。因为这种系统发生单相接地故障时，不构成短路回路，接地相电流不大，不会破坏用电设备的正常运行，所以不必立即切除接地相。但是这时非接地相的对地电压却升高为相电压的$\sqrt{3}$倍，这就要求各种电气设备的绝缘要按照线电压来考虑。

在电压等级较低的系统（35kV 及以下）中，由于绝缘费用所占比例不高，一般就采用中线点不接地方式以提高供电可靠性。

2.1.3　中性点经消弧线圈接地系统

所谓消弧线圈，其实就是电抗线圈。消弧线圈的功能可以通过比较图 2.1 和图 2.2 来理解。

由图 2.1 可见，由于导线对地有电容，中性点不接地系统中发生单相接地故障时，接地相的接地电流属于容性电流。而且这种电流会随着网络的延伸而增大，以致完全有可能使接地点电弧不能自行熄灭，烧坏导线并引起弧光接地过电压，损坏设备的绝缘，甚至发展成严重的系统性事故。

为避免发生上述情况，可在系统中某些中性点处装设消弧线圈，如图 2.2 所示。装设消弧线圈后，系统构成了另一回路，使接地点电流中增加了一个感性电流分量，和装设消弧线圈前的容性电流分量相抵消，减小了接地点的电流，使电弧易于自行熄灭，提高了供电可靠性。

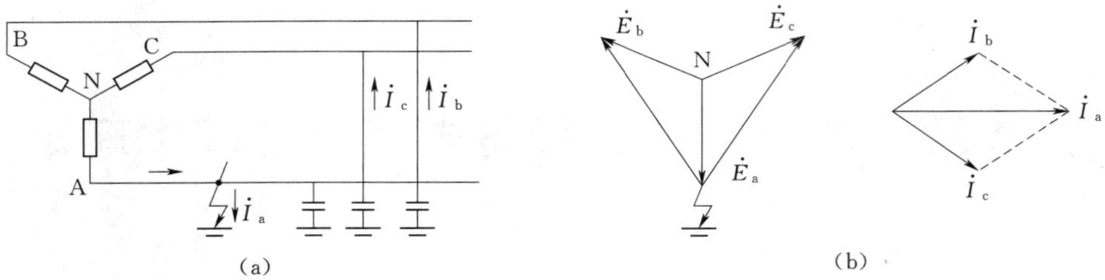

图 2.1　中性点不接地时的单相接地

(a) 电流分布；(b) 电压电流相量关系

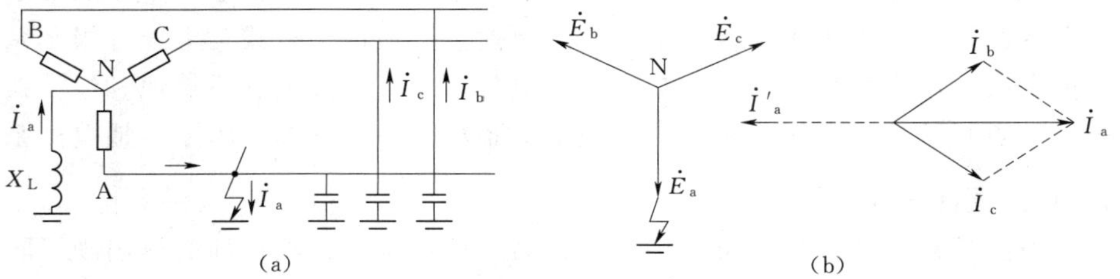

图 2.2　中性点经消弧线圈接地时的单相接地

(a) 电流分布；(b) 电压电流相量关系

2.2　电力系统的接线方式与稳定问题

2.2.1　电力系统的接线方式

电力系统的接线方式对于保证安全、可靠、优质和经济地向用户供电具有非常重要的作用。电力系统的接线包括发电厂、变电所的主接线和电力网的接线。这里仅对电力网的连接方式作简略的介绍，发电厂和变电所的主接线将在第 4 章介绍。

电力网的接线方式大致可分为无备用和有备用两类。

无备用接线的网络中，每一个负荷只能靠一条线路取得电能，它包括单回路放射式、干线式和链式网络，如图 2.3 所示。这类接线的特点是简单，设备费用小，运行维护方便。缺点是供电的可靠性比较低，任一段线路发生故障或因检修而退出运行时，都会中断部分用户的供电；在干线式和链式网络中，当线路较长时，线路末端的用户电压往往偏低。这种每个负荷都只能沿唯一的路径取得电能的网络，也称为开式网络。

有备用接线的网络，包括具有双回路的放射式、干线式、链式以及环形网络和两端供

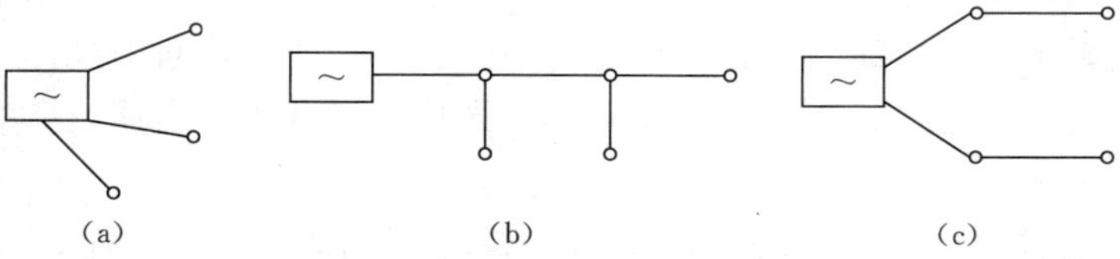

图 2.3　无备用接线方式

(a) 放射式；(b) 干线式；(c) 链式

电网络，如图 2.4 所示。双回路放射式、干线式和链式网络同样具有简单和运行方便的特点，而且供电可靠性和电压质量都有明显提高，但缺点也很明显，即设备的费用会增加很多。环形网络的供电可靠性是令人满意的，也比较经济；其缺点是运行调度比较复杂。在单电源环网中，如图 2.4（d）所示，当线路 a1 发生故障而开环时，正常线路可能过负荷，负荷节点 1 的电压也明显降低。两端供电网络的可靠性相当于有两个电源的环形网络。环形网络和两端供电网络中，每一个负荷至少通过两个不同路径取得电能，具有这种接线特点的网络又统称为闭式网络。

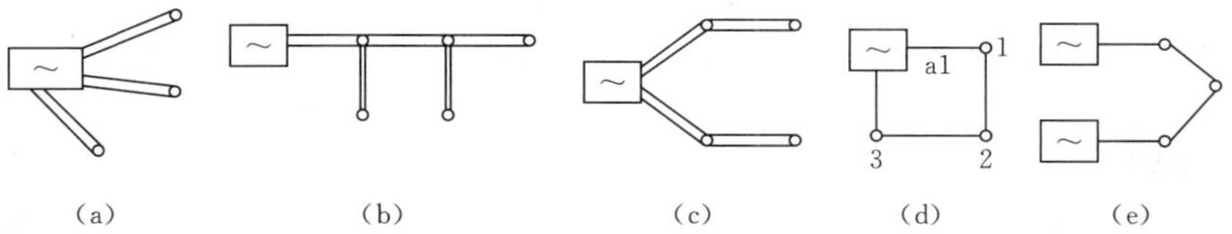

图 2.4　有备用接线方式

（a）放射式；（b）干线式；（c）链式；（d）环形网络；（e）两端供电网络

电力系统中各部分电力网担负着不同的职能，因此对其接线方式的要求也不一样。电力网按其职能可以分为输电网络和配电网络。

输电网络的主要任务是，将大容量发电厂的电能可靠而经济地输送到负荷集中地区。输电网络通常由电力系统中电压等级最高的一级或两级电力线路构成。对输电网络接线方式的要求主要是，应有足够的可靠性，要满足电力系统运行稳定性的要求，要有助于实现系统的经济调度，要具有对运行方式变更和系统发展的适应性等。用于连接远离负荷中心地区的大型发电厂的输电干线和向缺乏电源的负荷集中地区供电的输电干线，常采用双回线或多回路。位于负荷中心地区的大型发电厂和枢纽变电所一般是通过环形电网相互连接。

配电网络的任务是分配电能。配电网络的电源点是枢纽变电所的相应电压等级母线，负荷点是低一级的变电所或者直接是用电设备。配电网络采用哪一类接线，主要取决于负荷的性质。无备用接线方式只适用于向第Ⅲ类电力用户供电。对于第Ⅰ类和第Ⅱ类用户，一般应采用有备用接线方式。实际电力系统的配电网络比较复杂，往往是由各种不同接线方式的网络组成的。在选择接线方式时，必须考虑的主要因素是，满足用户对供电可靠性和电压质量的要求，运行要灵活方便，要有好的经济指标等。

2.2.2 电力系统的稳定问题

衡量电力系统正常运行的一个重要标志，是系统中所有的发电机都保持在同步运行状态。所谓同步运行，是指所有并联运行的发电机都具有相同的电角速度，即每台发电机都以同步转速运行。

正在运行的发电机转速决定于作用在其大轴上的转矩。因此，当作用在机组大轴上的转矩变化时，转速也将相应地发生变化。正常运行时，原动机的输入功率与发电机的输出功率是平衡的，从而保证了发电机以恒定的同步转速运行。

但是，发电机在运行时的功率平衡是相对的、暂时的。例如，电力系统的负荷随时都在变化，负荷功率的瞬时变化将引起发电机输出功率的相应变化，但由于机组调节系统的惯性，使得原动机输入功率的变化总是滞后于发电机输出电磁功率的瞬时变化，于是输入功率与输出功率之间就产生了不平衡，相应地转矩也将产生不平衡。电力系统的电能生产过程也正是这种功率或转矩的平衡不断遭到破坏，同时又不断进行跟踪调节使其恢复平衡的过程。

功率及相应转矩的不平衡将引起发电机转速的变化。例如，当发电机输出功率减小时，由于原动机的输入功率暂时还来不及减小而出现功率过剩，结果使发电机转速增加；相反，当发电机输出功率增加时，因原动机输入功率暂时还来不及跟上输出功率的增加而出现功率缺额，结果使发电机减速。这样，当系统由于负荷变化、操作或发生故障（称为系统受到扰动）而平衡状态被打破后，各发电机组将因功率的不平衡而发生转速的变化。一般情况下，由于各发电机组功率不平衡的程度不同，因此转速变化也不同，有的变化小，有的变化较大，有的发电机增速，有的发电机减速，从而在各发电机组的转子间产生相对运动。如果系统各发电机组在经历了一段运动过程后，能自动恢复到原有的平衡状态，或在某一新的平衡状态下同步运行，这时系统的频率和电压虽然发生了一些变化但仍在允许的范围内，这样的系统称为稳定系统。相反，如果系统受到扰动后，产生自发性振荡，或者各机组间产生剧烈的相对运动，以至于系统的频率和电压大幅度变化，不能保证对负荷的正常供电，造成大量用户停电，系统就失去了稳定。

可见，所谓电力系统稳定问题就是当系统受到扰动后能否继续保持各发电机之间同步运行的问题。根据系统受到扰动的大小及运行参数变化特性的不同，通常将系统的稳定问题分为三大类，即静态稳定、暂态稳定和动态稳定。静态稳定是指电力系统在运行中受到微小扰动（如短时的负荷波动）后，能够自动恢复到原有运行状态的能力。暂态稳定是指系统在运行中受到大的扰动（如切除机组、线路或发生短路等）后，经历一个短暂的暂态过程，从原来的运行状态过渡到新的稳定运行状态的能力。动态稳定是指系统在运行中受到大扰动后，保持各发电机在较长的动态过程中不失步，由衰减的同步振荡过程过渡到稳定运行状态的能力。

不难看出，如果系统在受到扰动后是不稳定的，那么在系统的各发电机转子间一直存在相对运行，从而引起系统的电压、电流、功率等运行参数发生剧烈的变化和振荡，致使整个系统不能继续运行，造成系统瓦解。运行经验表明，电力系统的稳定性是影响运行可靠性的一个重要因素，特别是随着电力系统容量和规模的不断扩大，稳定性问题就显得愈加突出。国内外电力系统许多大面积停电和系统瓦解事故，大都源于系统稳定性遭到破坏。因此，研究电力系统稳定性的内在规律，采取措施保持和提高电力系统运行的稳定性，对于电力系统安全可靠地运行，具有极其重要的意义。

2.3　电力系统短路

2.3.1　短路的概念及类型

电力系统应该不间断、可靠地供电，以保证生产和社会生活正常进行。但是，电力系统的正常运行常常会因为发生短路故障而遭到破坏。正常运行的供电系统，它的相线与相线、中性点接地系统中的相线与大地之间都是通过负载连接的。所谓短路，就是指相线与相线、中性点接地系统中的相线与大地之间不通过负荷，发生了直接连接的故障。

短路的基本类型有三相短路、两相短路、单相接地短路和两相接地短路，如图 2.5 所示。

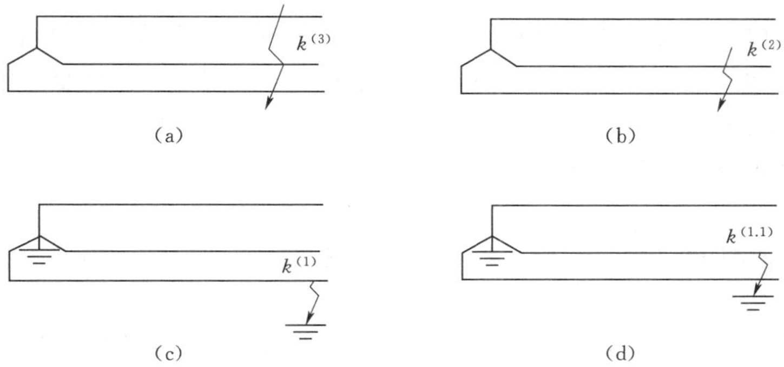

图 2.5 短路的基本类型

(a) 三相短路；(b) 两相短路；(c) 单相对地短路；(d) 两相对地短路

三相短路是对称短路，其他类型的短路为不对称短路。根据有关资料统计，在中性点接地的电力系统中，以单相接地短路故障最多，约占全部故障的 80%，两相短路和两相接地短路共占约 15%，三相短路约占 5%。在中性点非直接接地的电力系统中，短路故障主要是各种相间短路。

三相短路虽少，但其短路电流最大、短路点电压最低，因此对电力系统的危害也最大，故常以三相短路作为选择电气设备的依据。

2.3.2 短路的原因及危害

发生短路的主要原因是由于电力系统中的绝缘被破坏。绝缘的损坏是由于未及时发现和消除设备中的缺陷，以及设计、安装和运行维护不当所造成。例如，过电压、直接雷击、绝缘材料老化、机械损伤；操作人员的错误操作，如带负荷拉、合隔离开关，或者检修后未拆接地线就接通断路器；在长期过负荷元件中，由于电流过大，载流导体的温度升高到不能允许的程度，使绝缘老化和破坏等。

另外，在电力系统中，某些事故也能直接导致短路，如杆塔倒塌、导线断线等；动物或飞禽跨接载流导体也会造成短路事故。

短路电流的大小除与短路种类有关外，主要还决定于短路点与电源的距离、系统的容量、发电机的参数以及发电机是否采用电压自动调节装置等。

短路对电力系统的危害主要有以下几个方面：

(1) 短路电流可能达到该回路额定电流的几倍到几十倍甚至上百倍，某些场合短路电流值可到几十千安甚至几百千安。当巨大的短路电流流经导体时，将使导体严重发热，造成导体熔化和绝缘破坏。

(2) 短路时往往同时有电弧产生，高温的电弧不仅可能烧坏故障元件本身，也可能烧坏周围的设备。

(3) 由于短路电流基本上是电感电流，它将产生较强的去磁性电枢反应，使得发电机的端电压下降，同时短路电流流过线路、电抗器时，还增大了它们的电压损失。因而短路所造成的另外一个后果就是使网络电压降低，越靠近短路点处电压降低越多。当供电地区的电压降低到额定电压的6%左右而又不能立即切除故障时，就可能引起电压崩溃，造成大面积停电。

（4）短路时由于系统中功率分布的突然变化和网络电压的降低，可能导致并列运行的同步发电机组之间的稳定性的破坏。在短路切除后，系统中已失去同步的发电机在重新拉入同步的过程中可能发生振荡，以致引起继电保护装置误动作而大量甩负荷。

（5）不对称短路将产生负序电流和负序电压，异步电动机长期容许的负序电压一般不超过额定电压的2%～5%。

（6）不对称接地短路故障会产生零序电流，它会在邻近的线路内产生感应电势，造成对通信线路和信号系统的干扰。

（7）在某些不对称短路情况下，非故障相的电压将超过额定值，引起“工频电压升高”，从而增高了系统的过电压水平。

2.3.3　防止短路的措施

正确选择电气设备和正确的设计安装，加强维护检查和进行预防性试验，避免误操作，都是防止短路的有效措施。

同时，为了防止短路发生后对电气设备或人身造成损伤，在电力系统中的所有与载流部分有关的设备、装置、元器件，都必须经得起最大的短路电流所产生的热效应和电动力效应的作用而不致损坏，并需装设相应的保护装置来迅速消除短路故障。

2.4　短路计算简述

2.4.1　计算短路电流的原因

在电力系统和电气设备的设计和运行中，短路计算是解决一系列技术问题所不可缺少的基本计算。主要原因如下：

（1）选择有足够机械稳定度和热稳定度的电气设备。例如断路器、互感器、母线和电缆等，必须以短路计算作为依据，包括计算冲击电流以校验设备的电动力稳定度；计算若干时刻的短路电流有效值以校验断路器的断流能力等。

（2）为了合理地配置各种继电保护和自动装置并正确整定其参数，必须对电力网中发生的各种短路进行计算和分析。在这些计算中不但要知道故障支路中的电流值，还必须知道电流在网络中的分布情况。

（3）在设计和选择发电厂电力系统电气主接线时，为了比较各种不同方案的接线图，确定是否需要采取限制短路电流的措施等，都要进行必要的短路电流计算。

（4）进行电力系统暂态稳定计算，研究短路对用户工作的影响、确定输电线路对于通信的干扰，对已经发生过的故障进行分析等都需要进行短路电流的计算。

2.4.2　冲击电流的计算

短路电流由两部分组成：一部分是强制分量；另一部分是自由分量。短路电流的强制分量与外加电源电势有相同的变化规律，也是恒幅值的正弦交流电流，也称为周期分量。自由分量与外加电源无关，它是按照指数规律衰减的直流电流，也称为非周期分量。非周期电流初值的大小同短路发生的时刻有关，也就是与短路发生时刻电源电势的初始相角（或者称为合闸角）有关。这样，如果合闸角为零，则自由分量不存在，在短路发生瞬间短路前电流的瞬时值刚好等于短路后强制电流的瞬时值，电路从一种稳态直接进入另一种稳态，而不经历过渡过程。这是针对一相的情况，由于另外两相分别落后于 A 相 120°和 240°，情况则有所不同。三相短路时，只有短路电流的周期分量才是对称的，而各相短路电流的非周期分量并不相等，因此，非周期分量有最大初值或零值的情况只有可能在某一相出现。

短路电流最大可能的瞬时值称为短路冲击电流。当电路的参数已知时，短路电流周期分量的幅值是一定的，而短路电流的非周期分量则是按指数规律单调衰减的直流。因此，非周期电流的初值越大，暂态过程中短路全电流的最大瞬时值也就越大。短路电流的最大瞬时值在短路发生后约半个周期出现，由于频率为 50Hz，这个时间约为短路发生后 0.01s。

冲击电流的算式如下：

$$i_{im}=I_{pm}+I_{pm}e^{-0.01/T_a}=(1+e^{-0.01/T_a})I_{pm}=k_{im}I_{pm} \tag{2.1}$$

式中：i_{im} 为冲击电流；I_{pm} 为短路电流周期分量的幅值；T_a 为短路电流非周期分量衰减的时间常数；k_{im} 为冲击系数，表示冲击电流为短路电流周期分量幅值的倍数，当时间常数 T_a 的数值由零变到无限大时，冲击系数的变化范围是 $1\leqslant k_{im}\leqslant 2$。

在实用计算中，当短路发生在发电机电压母线时，取 $k_{im}=1.9$；短路发生在发电厂高压侧母线时，取 $k_{im}=1.85$；在其他地点发生短路时，$k_{im}=1.8$。

在短路过程中，任一时刻 t 的短路电流有效值 I_t，是指以时刻 t 为中心的一个周期内瞬时电流的均方根值，即

$$I_t=\sqrt{\frac{1}{T}\int_{t-\frac{T}{2}}^{t+\frac{T}{2}}i_t^2\mathrm{d}t}=\sqrt{\frac{1}{T}\int_{t-\frac{T}{2}}^{t+\frac{T}{2}}(i_{pt}+i_{apt})^2\mathrm{d}t} \tag{2.2}$$

式中：i_t、i_{pt} 和 i_{apt} 分别为 t 时刻短路电流，以及它的周期分量和非周期分量的瞬时值。

为简化计算，假定非周期分量在以时间 t 为中心的一个周期内恒定不变，也就是其有效值等于其瞬时值。而且同时假定短路电流周期分量在所计算的周期内幅值是恒定的，这样其有效值为幅值的 0.707 倍。短路电流的最大有效值出现在短路后的第一个周期。在最坏的情况下发生短路时，可以得到短路电流最大有效值 I_{im} 计算公式为

$$I_{im}=\sqrt{I_p^2+[(k_{im}-1)\sqrt{2}I_p]^2}=I_p\sqrt{1+2(k_{im}-1)^2} \tag{2.3}$$

式中：I_p 为短路电流周期分量的有效值。

当冲击系数 $k_{im}=1.9$ 时，$I_{im}=1.62I_p$；当 $k_{im}=1.8$ 时，$I_{im}=1.51I_p$。

2.4.3 短路功率的计算

有些情况下需要用到短路功率（或短路容量）的概念。短路功率等于短路电流有效值同短路处的正常工作电压（一般用平均额定电压）的乘积，即

$$S_t=\sqrt{3}V_{av}I_t \tag{2.4}$$

式中：V_{av} 为短路处的正常工作电压。

短路功率主要用来校验开关的切断能力。把短路功率定义为短路电流和工作电压的乘积，是因为一方面开关要能切断如此大的电流，另一方面在开关断流时其触头应承受住工作电压的作用。在短路的适用计算中，常只用周期分量电流的初始有效值来计算短路功率。

根据上述简单分析可知，为了确定冲击电流、短路电流非周期分量、短路电流的有效值以及短路功率等，都必须计算短路电流的周期分量。在给定电源电势时，短路电流周期分量的计算只是一个求解稳态正弦交流电路的问题。

2.5　电气设备选择的一般条件

电气设备选择要在保证安全、可靠和方便的前提下注意节约投资与运行费用，并顾及与整个工程标准的协调一致，积极稳妥地采用新技术、新设备，做到技术先进、经济合理、运行方便和留有余地。

电气设备的具体选择是根据电气主接线方案及短路电流计算结果、当地环境条件以及制造厂产品目录等方面材料，按照一定原则和条件，对电气设备的型号、技术参数和使用条件作出选择。各种导体和电气设备，由于它们的用途和工作条件不同，所以每种电气设备和载流导体选择时都有具体的选择条件与校验项目，其中一部分是共同的，另一部分是特有的。共同遵循的选择条件和校验项目称为电气设备选择的一般条件；不同的选择条件和校验项目称为特殊条件。

电气设备要能可靠地工作，必须按正常工作条件进行选择，并按短路状态来校验热稳定和动稳定。

2.5.1　按正常工作条件选择电气设备

2.5.1.1　额定电压

电气设备所在电网的运行电压因调压或负荷的变化，有时会高于电网的额定电压，故所选电气设备允许的最高工作电压不得低于所接电网的最高运行电压。通常，规定一般电气设备允许的最高工作电压为设备额定电压的1.1～1.15倍，而电网运行电压的波动范围，一般不超过电网额定电压的1.15倍。因此，在选择电气设备时，一般可按照电气设备的额定电压 U_N 不低于装置地点电网额定电压 U_{SN} 的条件选择，即

$$U_N \geqslant U_{SN} \tag{2.5}$$

2.5.1.2　额定电流

电气设备的额定电流 I_N 是指在额定环境温度 θ_0 下，电气设备的长期允许电流。I_N 应不小于设备所在回路在各种运行方式下的最大持续工作电流 I_{max}，即

$$I_N \geqslant I_{max} \tag{2.6}$$

由于发电机、调相机和变压器在电压降低5%时，输出功率可保持不变，故其相应回路的 I_{max} 应为发电机、调相机或变压器的额定电流的1.05倍；若变压器有过负荷运行可能时，I_{max} 应按过负荷确定（1.3～2倍变压器额定电流）；母联断路器回路一般可取母线

上最大一台发电机或变压器的 I_{max}；母线分段电抗器的 I_{max} 应为母线上最大一台发电机跳闸时，保证该段母线负荷所需的电流，或最大一台发电机额定电流的 50%～80%；出线回路的 I_{max} 除考虑正常负荷电流外，还应考虑事故时由其他回路转移过来的负荷。

2.5.1.3　环境条件对设备选择的影响

当电气设备安装地点的环境（尤其注意小环境）条件如温度、风速、污秽等级、海拔高度、地震烈度和覆冰厚度等环境条件超过一般电气设备使用条件时，应采取措施。

通常非高原型的电气设备使用环境的海拔高度不超过 1000m，当地区海拔超过制造厂家的规定值时，由于大气压力、空气密度和湿度相应减少，使空气间隙和外绝缘的放电特性下降。一般当海拔在 1000～3500m 范围内，若海拔比厂家规定值升高 100m，则电气设备允许最高工作电压要下降 1%；当最高工作电压不能满足要求时，应采用高原型电气设备，或采用外绝缘高一电压等级的产品。对于 110kV 及以下的电气设备，由于外绝缘裕度较大，可在海拔 2000m 以下使用。

电气设备的额定电流是指在基准环境温度下，能允许长期通过的最大工作电流。此时电气设备的长期发热温升不超过其允许温度。而在实际运行中，周围环境温度直接影响电气设备的发热温度，所以电气设备的额定电流必须经过温度修正。我国生产的电气设备一般使用的额定环境温度 $\theta_0=40℃$，如周围环境温度高于 40℃但不大于 60℃时，其允许电流一般可按每增高 1℃，额定电流减少 1.8%进行修正；当环境温度低于 40℃时，环境温度每降低 1℃，额定电流可增加 0.5%，但其最大电流不得超过额定电流的 20%。一般使用环境温度低于 40℃时，不作修正，而是将环境温度降低所增加的额定电流充做设备容量的裕度。

在工程设计时，正确选择环境最高温度对电气设备运行的安全性和经济性至关重要。选择导体及电气设备的环境最高温度宜采用表 2.1 所列数据。

表 2.1　　选择导体和电气设备的环境最高温度

裸导体	屋外安装	最热月平均最高温度（最热月每日最高温度的月平均值；取多年平均值）
	屋内安装	该处通风设计温度。当无资料时，取最热月平均最高温度加 5℃
电气设备	屋外安装	年最高温度（一年中所测量的最高温度的多年平均值）
	屋内电抗器	该处通风设计最高排风温度
	屋内其他	该处通风设计温度。当无资料时，取最热月平均最高温度加 5℃

此外，还应按电气设备的装置地点、使用条件、检修、运行和环境保护（电磁干扰、噪声）等要求，对电气设备进行种类（屋内或屋外）和型式（防污、防爆、湿热等）的选择。

2.5.2　按短路状态校验

2.5.2.1　短路热稳定校验

短路电流通过电气设备时，电气设备各部件温度（或发热效应）应不超过允许值。满足热稳定条件为

$$I_t^2 t \geqslant Q_k \tag{2.7}$$

式中：Q_k 为短路电流产生的热效应；I_t、t 分别为电气设备允许通过的热稳定电流和时间。

2.5.2.2　电动力稳定校验

电动力稳定是电气设备承受短路电流机械效应的能力，亦称动稳定。满足动稳定的条件为

$$i_{es} \geqslant i_{sh} \text{ 或 } I_{es} \geqslant I_{sh} \tag{2.8}$$

式中：i_{sh}、I_{sh} 分别为短路冲击电流幅值及其有效值；i_{es}、I_{es} 分别为电气设备允许通过的动稳定电流的幅值及其有效值。

同时，应按电气设备在特定的工程安装使用条件，对电气设备的机械负荷能力进行校验，即电气设备的端子允许荷载应大于设备引线在短路时的最大电动力。

下列几种情况可不校验热稳定或动稳定。

（1）用熔断器保护的电气设备，其热稳定由熔断时间保证，故可不验算热稳定。

（2）采用有限流电阻的熔断器保护的设备可不校验动稳定。

（3）装设在电压互感器回路中的裸导体和电气设备可不验算动、热稳定。

2.5.2.3　短路电流计算条件

为使所选电气设备具有足够的可靠性、经济性和合理性，并在一定时期内适应电力系统发展的需要，作验算用的短路电流应按下列条件确定。

（1）容量和接线。按工程设计最终容量计算，并考虑电力系统远景发展规划（一般为工程建成后 5～10 年）；其接线应采用可能发生最大短路电流正常接线方式，但不考虑在切换过程中可能短时并列的接线方式（如切换厂用变压器时的并列）。

（2）短路种类。一般按三相短路验算，若其他种类短路较三相短路严重时，则应按最严重的情况验算。

（3）计算短路点。在计算电路图中，同电位的各短路点的短路电流值均相等，但通过各支路的短路电流将随着短路点的不同位置而不同。在校验电气设备和载流导体时，必须确定出电气设备和载流导体处于最严重情况的短路点，使通过的短路电流校验值为最大。例如：

1）两侧均有电源的断路器，如发电厂与系统相联系的出线断路器和发电机、变压器回路的断路器，应比较断路器前后短路时通过断路器的电流值，择其大者为短路计算点。

2）母联断路器应考虑当采用母联断路器向备用母线充电时，备用母线故障，流过该备用母线的全部短路电流。

3）带电抗器的出线回路由于干式电抗器工作可靠性较高，且断路器与电抗器间的连线很短，故障概率小，一般可选电抗器后为计算短路点，这样出线可选用轻型断路器，以节约投资。

2.5.2.4　短路计算时间

（1）热稳定短路计算时间 t_k。该时间用于检验电气设备在短路状态下的热稳定，其值为继电保护动作时间 t_{pr} 和相应断路器的全开断时间 t_{br} 之和，即

$$t_k = t_{pr} + t_{br} \tag{2.9}$$

继电保护动作时间 t_{pr} 按我国电气设计有关规定：验算电气设备时宜采用后备保护动

作时间；验算裸导体宜采用主保护动作时间，如主保护有死区时，则采用能对该死区起作用的后备保护动作时间，并采用相应处的短路电流值；验算电缆时，对电动机等直馈线应取主保护动作时间，其余宜按后备保护动作时间。

断路器全开断时间 t_{br} 是指给断路器的分闸脉冲传送到断路器操动机构的跳闸线圈时起，到各相触头分离后电弧完全熄灭为止的时间段。显然，t_{br} 包括两个部分，即

$$t_{br}=t_{in}+t_a \tag{2.10}$$

式中：t_{in} 为断路器固有分闸时间，它是由断路器接到分闸命令（分闸电路接通）起，到灭弧触头刚分离的一段时间，此值可在相应手册中查出；t_a 为断路器开断时电弧持续时间，它是指由第一个灭弧触头分离瞬间起，到最后一极电弧熄灭为止的一段时间，少油断路器为 0.04～0.06s，SF_6 和压缩空气断路器约为 0.02～0.04s，真空断路器约为 0.015s。

通常，用全开断时间 t_{br} 来衡量高压断路器分闸速度的快慢，分为高、中、低速三类。在采用无延时保护时，短路计算时间 t_k 可取表 2.2 所示的数据。表中 t_k 已经计入了继电保护装置启动及执行机构动作时间。若继电保护装置有延时整定时，则按表中数据加上相应的继电保护整定时间。

表 2.2　　无延时保护时校验热稳定的短路计算时间

断路器开断速度	断路器全开断时间 t_{br}/s	短路计算时间 t_k/s
高速断路器	<0.08	0.1
中速断路器	0.08～0.12	0.15
低速断路器	>0.12	0.2

（2）短路开断计算时间 t'_k。断路器不仅在电路中作为操作开关，而且在短路时要作为保护电器，能迅速可靠地切断短路电流。为此，断路器应能在动静触头刚分离时刻，可靠开断短路电流，该短路开断计算时间 t'_k 应为主保护时间 t_{pr1} 和断路器固有分闸时间 t_{in} 之和，即

$$t'_k=t_{pr1}+t_{in} \tag{2.11}$$

对于无延时保护，t_{pr1} 为保护启动和执行机构时间之和，传统的电磁式保护装置一般为 0.05～0.06s，微机保护装置一般为 0.016～0.03s。

2.6　电弧的基本理论

2.6.1　电弧的形成与熄灭

当开关电器开断有电流通过的电路时，触头刚刚分离后，电压和电流达到一定值时，触头之间就会产生强烈的白光，称为电弧。用开关电器设备切断电路时，只要电源电压大于 10～20V，电流大于 80～100mA，在开关电气设备的动、静触头分离瞬间，触头间就会出现电弧。

电弧的实质是一种气体放电现象。电弧的产生、维持是触头绝缘介质的中性质点（分子和原子）被游离的结果，游离就是中性质点转化为带电质点，即气态介质或固态、液态

介质高温气化后向等离子体态的转化过程。

2.6.1.1　电弧的形成

（1）在开关电器设备触头分离的最初瞬间，触头电极的阴极区发射电子对产生电弧过程起决定性作用。阴极表面发射电子有两种方式：

1）热电子发射。触头分离瞬间，接触电阻突然加大而产生的高温，使阴极表面出现强烈的炽热点，使阴极的金属材料内的大量电子不断逸出金属表面。

2）强电场电子发射。触头刚分开时，触头间距离很小，则产生很强的电场强度（3×10^6V/m 以上），阴极表面的电子就会被电场力拉出而形成触头空间的自由电子。强电场发射是弧隙间最初产生电子的主要原因。

（2）电弧的形成主要是碰撞游离所致。阴极表面发射出的电子和弧隙中原有的少数电子在强电场能的作用下，向阳极方向运动，不断地与其他粒子（如气体原子、分子）发生碰撞，将中性粒子中的电子击出，游离成正离子和新的自由电子，新产生的电子也向阳极加速运动，同样也会使它所碰撞的中性质点游离，如图 2.6 所示。碰撞游离连续进行就可能导致在触头间充满了电子和离子，从而击穿介质，电流急剧增大出现光和热的效应而成为电弧。

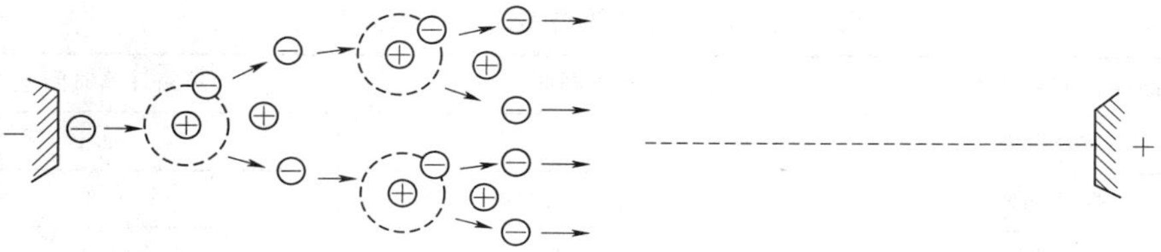

图 2.6　碰撞游离示意图

2.6.1.2　电弧的维持

电弧形成之后，维持电弧燃烧所需的游离过程是热游离。由于在电弧燃烧过程中，弧柱中的电导很大，则电位梯度很小，电子不能获得必需的位能，于是碰撞游离已不可能。然而电弧产生之后，弧隙的温度很高，中性质点不规则热运动速度增加，具有足够动能的互相碰撞游离出电子和正离子，这种现象称为热游离。

热游离的存在使电弧通道具有良好的导电性能。电弧的弧柱中只要有很低的电场强度（每厘米十几伏到几十伏）就能维持热游离，由它来提供转变成电弧热能所需的能量。

一般气体开始发生热游离的温度为 9000～10000℃；金属蒸汽的热游离温度约为 4000～5000℃。因为开关电气设备的电弧中总有一些金属蒸汽，而弧心温度总大于 4000～5000℃，所以热游离的强度足可维持电弧的燃烧。

2.6.1.3　电弧的熄灭

电弧中发生游离的同时，还进行着使带电质点减少的复合和扩散的去游离过程。电弧的去游离过程包括复合和扩散两种形式：

（1）复合。正、负带电质点互相吸引、结合变成不带电质点的现象。由于弧柱中电子的运动速度很快，约为正离子的 1000 倍，所以电子直接与正离子复合的几率很小。一般情况下，先是电子碰撞中性质点时，被中性质点捕获变成负离子，然后再与质量和运动速度相当的正离子互相吸引而接近，交换电荷后成为中性质点。还有一种情况就是电子先被固体介质表面吸附后，再被正离子捕获成为中性质点。

（2）扩散。弧柱中的带电质点逸出弧柱以外，进入周围介质的现象。扩散有两种形式：

1）温度扩散，由于电弧和周围介质间存在很大温差，使得电弧中的高温带电质点向温度低的周围介质中扩散，减少了电弧中的带电质点。

2）浓度扩散，这是因为电弧和周围介质存在浓度差，带电质点就从浓度高的地方向浓度低的地方扩散，使电弧中的带电质点减少。

游离和去游离是电弧燃烧中的两个相反过程，这两个过程的动平衡将使电弧稳定燃烧。若游离过程大于去游离过程，将会使电弧愈加强烈的燃烧。反之，将会使电弧燃烧减弱，以致最终熄灭。

2.6.2 电弧的危害

电弧有如下特征：①电弧由阴极区、阳极区和弧柱区三部分组成；②电弧温度很高；③电弧是一种自持放电现象；④电弧是一束游离的气体。电弧往往产生如下危害：

（1）电弧的存在延长了开关电器开断故障电路的时间，加重了电力系统短路故障的危害。

（2）电弧产生的高温，将使触头表面熔化和蒸化，烧坏绝缘材料。对充油电气设备还可能引起着火、爆炸等危险。

（3）由于电弧在电动力、热力作用下能移动，很容易造成飞弧短路和伤人，或引起事故的扩大。

2.6.3 影响电弧熄灭的因素

（1）电弧温度。电弧是由热游离维持的，降低电弧温度就可以减弱热游离，减少新的带电质点的产生。同时，也减小了带电质点的运动速度，加强了复合作用。通过快速拉长电弧，用气体或油吹动电弧，或使电弧与固体介质表面接触等，都可以降低电弧的温度。

（2）电场强度。场强越小，带电质点的反向运动速度就越小，复合的概率就越大。同时，场强降低，电弧电流减小，电弧温度下降，热游离也随之减弱。

（3）介质的特性。电弧燃烧时所在介质的特性在很大程度上决定了电弧中去游离的强度，这些特性包括：导热系数、热容量、热游离温度、介质电强度等。若这些参数值大，则去游离过程就越强，电弧就越容易熄灭。

（4）气体介质的压力。气体介质的压力对电弧去游离的影响很大。因为，气体的压力越大，电弧中质点的浓度就越大，质点间的距离就越小，复合作用越强，电弧就越容易熄灭。在高度的真空中，由于发生碰撞的概率减小，抑制了碰撞游离，而扩散作用却很强。因此，真空是很好的灭弧介质。

（5）电气触头的材料。触头材料也影响去游离的过程。当触头采用熔点高、导热能力强和热容量大的耐高温金属时，减少了热电子发射和电弧中的金属蒸汽，有利于电弧熄灭。除了上述因素以外，去游离还受电场电压等因素的影响。

2.6.4 直流电弧的特性与熄灭

产生在直流电路中的电弧为直流电弧。图 2.7 是直流电弧的伏安特性，它表示直流电

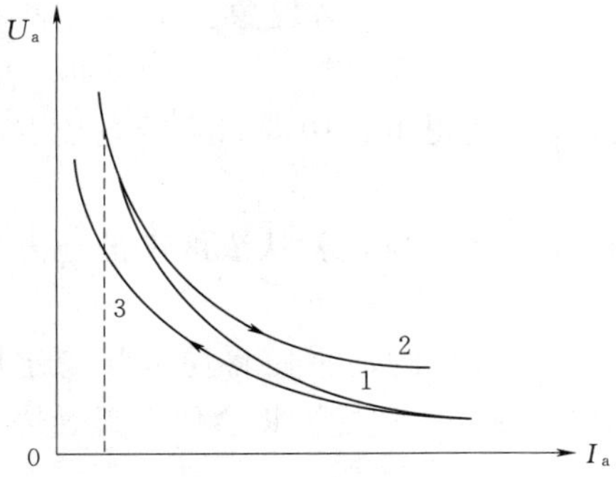

图 2.7　直流电弧的伏安特性

弧两端的电弧电压与流过它的电弧电流的关系。电弧伏安特性是一条非线性的下降曲线，这说明电弧电压是随电流的增加而降低的。直流电弧在一定长度下稳定状态时所测得的伏安特性称为静态伏安特性，见图中曲线 1。由于热惯性的作用，当电弧电流增加时，电弧的伏安特性将按曲线 2 动态变化。曲线 3 为电弧电流减小时的动态伏安特性。

实验表明：在其他条件不变时，当电弧电流增大到超过几十安培后，电弧电阻将不再随电流的增加而下降，基本保持为常数。在长弧中，电弧电压主要是弧柱的电压降，即

$$U_a = E_a l_a \tag{2.12}$$

式中：E_a 为弧柱的电场强度，V/cm；l_a 为电弧的长度，cm。

在大电流情况下，弧柱的电场强度基本上保持为一常数。因此在其他条件不变时，电弧电压随电弧长度的增大而升高，伏安特性曲线向上移，如图 2.8（a）所示。弧柱冷却强，散热好，会使弧柱电场强度增大，伏安特性曲线也会上移，如图 2.8（b）所示。

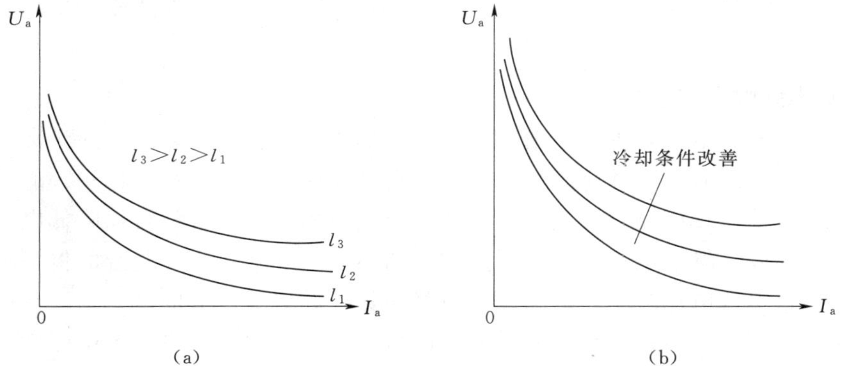

图 2.8　弧长和冷却条件对伏安特性的影响

（a）弧长对电弧伏安特性的影响；（b）冷却对电弧伏安特性的影响

直流电路如图 2.9（a）所示，具有电阻 R、电感 L 和触头 D，外施电压为 U_0，将 D 从闭合位置分开至某一距离形成电弧。它的电压平衡方程式为

$$U_0 = iR + L\frac{di}{dt} + u_a \tag{2.13}$$

或

$$L\frac{di}{dt} = (U_0 - iR) - u_a \tag{2.14}$$

由于 u_a 与 i 是非线性关系，因此需用图解法来求解，如图 2.9（b）所示。电弧稳定时电流 i 不变，稳定电弧方程为

$$u_a = U_0 - iR \tag{2.15}$$

可以判断，点 2 处为稳定工作点，要使直流电弧熄灭，必须减小电流，使 $\frac{di}{dt} < 0$，电弧电压平衡方程变为

$$u_a > U_0 - iR \tag{2.16}$$

抬高电弧的伏安特性使之与直线（$U_0 - iR$）相交于一点时（相切），交点即为电弧的不稳定工作点。进一步抬高电弧的伏安特性使之不再与直线（$U_0 - iR$）相交，如曲线 C，电弧就不可能燃烧，必然熄灭。所以，上式为直流电弧熄灭的条件。它说明，当电路中电源电压不足以维持稳定电弧电压和线路上的压降时，直流电弧将被熄灭。

在开关中熄灭电弧时，线路内的参数一般是不变的，因此常采用拉长电弧、增强冷却这两种方法来抬高电弧的伏安特性曲线，以达到电弧的熄灭条件。

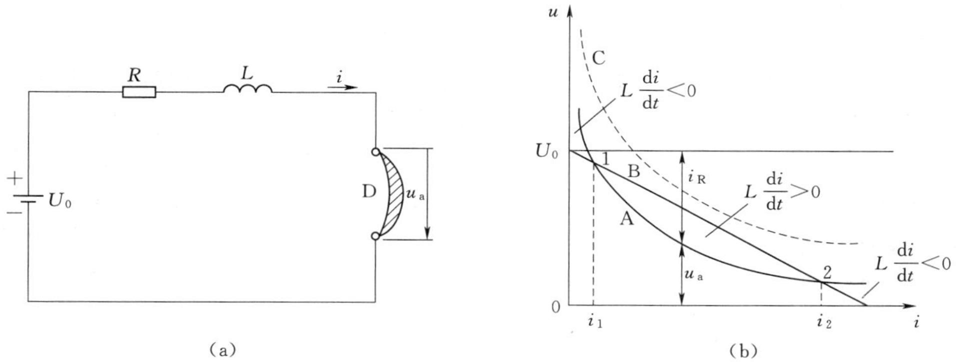

图 2.9 具有电弧的直流电路及特性

（a）直流电路；（b）电路特性

2.6.5 交流电弧的特性与熄灭

交流电弧具有动态的伏安特性（动特性）和过零值自然熄灭两大特点。

在交流电路中，电流瞬时值随时间变化，因而电弧的温度、直径以及电弧电压也随时间变化，电弧的这种特性称为动特性。

交流电弧在交流电流自然过零时将自动熄灭（暂时），但在下半周随着电压的增高，电弧又重燃。如果电弧过零后，电弧不发生重燃，电弧就此熄灭。

由于弧柱的受热升温或散热降温都有一定过程，跟不上快速变化的电流，所以电弧温度的变化（即热游离程度变化）总滞后于电流的变化，这种现象称为电弧的热惯性。热惯性的存在使得电弧温度的变化及热游离程度变化滞后于电流变化，因而电弧电压呈现如图 2.10 所示的马鞍形。对应于正弦波电流，半个波内，电弧电压中间大部分平坦，只有在电流靠近零

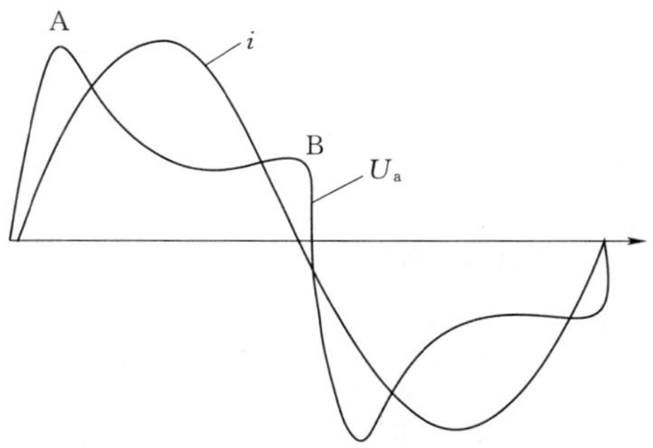

图 2.10 交流电弧电压变化曲线

点，瞬时值很小时，电弧电压升高，呈现电弧电压尖峰。图中 A 点是电弧产生时的电压，而 B 点是电弧熄灭时的电压，称为熄弧电压。显然，由于介质的热惯性，燃弧电压必然大于熄弧电压。

交流电的上述特性，特别是过零值的自然暂时熄灭，对采取措施加强去游离，以使在下半周期电弧不会重燃而最终熄灭尤为重要。

(1) 交流电弧的熄灭条件。决定熄弧的基本因素是弧隙的介质强度恢复过程和加在弧隙上的弧隙电压恢复过程。

1) 弧隙介质强度恢复过程是指在电弧过零后，弧隙的绝缘能力在经过一定时间恢复到绝缘的正常状态的过程，以耐受电压 $U_d(t)$ 表示。

弧隙介质强度 $U_d(t)$ 主要由断路器灭弧装置的结构和灭弧介质的性质所决定，随断路器型式而异。目前，电力系统中常用的灭弧介质有油（变压器油或断路器油）、空气、真空、SF_6 等。图 2.11 示出其介质强度恢复过程的典型曲线。从图中可以看出，在 $t=0$ 电流过零瞬间，介质强度突然出现 0a（0a′、0a″）升高的现象，称为近阴极效应。这是因为在电弧过零之前，弧隙充满着电子和正离子，当电流过零后，弧隙的电极极性发生改变，弧隙中的电子立即向新阳极运动，而比电子质量大 1000 多倍的正离子则基本未动，从而在新阴极附近呈现正电荷离子层，如图 2.12 所示。其电导很低，显示出一定的介质强度，在 0.1～1s 的短暂时间内有 150～250V 起始介质强度。这种近阴极效应特性，交流电弧远大于直流电弧，特别对交流低压电气设备的熄弧有利。继后的介质强度的增长速度和恢复过程，将与电弧电流的大小、介质特性、触头分离速度和冷却条件等因素有关。

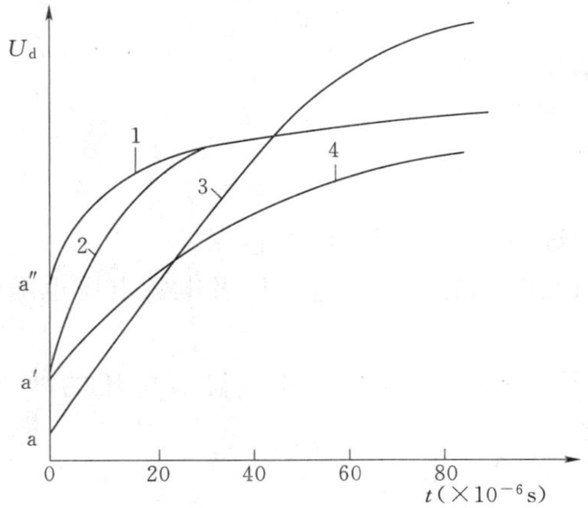

图 2.11　介质强度恢复过程

1—真空；2—SF_6；3—空气；4—油

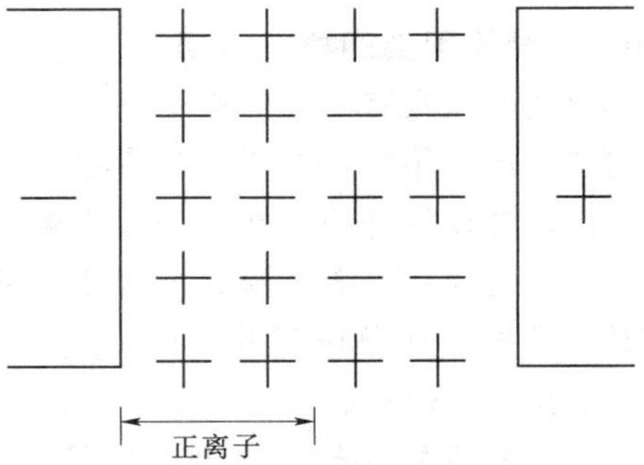

图 2.12　电流过零后电荷重新分布

2) 弧隙电压恢复过程是指电弧电流自然过零后，电源施加于弧隙的电压将从不大的熄弧电压逐渐恢复到电源电压的过程，以恢复电压 $U_r(t)$ 表示。该电压恢复过程可能是周期性或非周期性的变化过程，这主要取决于系统电路的参数。

综上可知，在电弧电流过零时，弧隙之间同时存在着介质强度恢复过程和弧隙电压恢复过程。电弧熄灭的条件应为 $U_d(t)>U_r(t)$，反之，弧隙被电击穿，电弧重燃。

(2) 高压断路器熄灭交流电弧的基本方法。电弧能否熄灭，决定于电弧电流过零时，弧隙的介质强度恢复速度和弧隙电压上升速度的竞争。加强弧隙的去游离或减小弧隙电压的恢复速度，都可以促使电弧熄灭。现代高压开关电气设备中通常采用以下几种方法灭弧。

1) 利用灭弧介质。电弧中的去游离程度在往往取决于电弧周围介质的特性，如介质的传热能力，介电强度、热游温度和热容量。这些参数的数值越大，则去游离作用越强，电弧就越容易熄灭。氢的灭弧能力是空气的 7.5 倍，用变压器油或断路器油作灭弧介质，使绝缘油在电弧的高温作用下分解出氢气（H_2 占 70%～80%）和其他气体来灭弧；六氟化硫（SF_6）是良好的负电性气体，氟原子具有很强的吸附电子的能力，能迅速捕捉自由电子而成为稳定的负离子，为复合创造了有利条件，因而具有很好的灭弧性能，SF_6 气体的灭弧能力比空气约强 100 倍；用真空（气体压力低于 133.3×10^{-4}Pa）作为灭弧介质时，在弧隙间自由电子很少，碰撞游离可能性大大减少，况且弧柱对真空的带电质点的浓度差和温度差很大，有利于扩散，真空的介质强度比空气约大 15 倍。采用不同介质可以制成不同类型的断路器，如空气断路器、油断路器、SF_6 断路器、真空断路器等。

2) 采用特殊金属材料作灭弧触头。熔点高、导热系数和热容量大的耐高温金属作触头材料，可以减少热电子发射和电弧中的金属蒸汽，抑制游离作用。同时，触头材料还要求有较高的抗电弧、抗熔焊能力。常用的触头材料有铜、钨合金和银、钨合金等。

3) 利用气体或油吹动电弧。在高压断路器中利用各种结构形式的灭弧室，使气体或油产生巨大的压力并有力地吹向弧隙，将使带电离子扩散和强烈地冷却而复合。空气断路器利用充入压力约 2.3MPa（即 20atm）干燥压缩空气作为吹动电弧的灭弧介质；SF_6 断路器利用 0.304～0.608MPa（即 3～6atm）纯净 SF_6 气体作为灭弧介质；油断路器利用油和油在电弧作用下分解出的气体吹动电弧。吹动方向与弧柱轴线平行的叫纵吹，它使电弧冷却变细；吹动方向与弧柱轴线垂直的叫横吹，它使电弧拉长，表面积增大并加强冷却。在断路器更多地采用纵、横混合吹弧或环吹方式，其灭弧效果更好。

4) 采用多断口熄弧。每相采用两个或更多的断口串联，把长弧变成短弧，在熄弧时，断口把电弧分割成多个小电弧段，在相等的触头行程下，多断口比单断口的电弧拉长，而且电弧被拉长的速度也增加，加速了弧隙电阻的增大。同时，由于加在每个断口的电压降低，使弧隙恢复电压降低，亦有利于熄灭电弧。

5) 提高断路器触头的分离速度，迅速拉长电弧，可使弧隙的电场强度骤降；同时，使电弧的表面突然增大，有利于电弧的冷却和带电质点向周围介质中扩散和离子复合。为此，在高压断路器中都装有强有力的分闸机构，以加快触头的分断速度。

2.7 电 气 触 头

2.7.1 电接触

两个或几个导体通过机械方式接触，从而使电流通过的状态称为电接触。电接触是开关设备结构原理中非常重要的一个内容。不良的电接触不仅会损坏电器本身，还会造成电力系统各种事故。

电气设备中，根据在操作过程中接触处是否存在相对运动而把电接触分成两大类：固定电接触和可动电接触。前者是将两个以上的导体在其连接处用螺钉、螺纹、铆钉等机械办法使之固定的电接触，如电气设备出线端与母线的连接，母线与母线的连接等；后者是开关设备在操作过程中，导体接触处有相对运动的电接触。

2.7.2　接触电阻及其影响因素

2.7.2.1　接触电阻

实测表明，两个截面和材料都相同的导体接触时，它所具有的电阻要比形状、尺寸、材料都与之相同的整个导体的电阻大，这是因接触而引起的，由此产生的电阻称为接触电阻。接触电阻由下述两部分组成：

（1）收缩电阻。由于导体表面的加工不可能“绝对”光滑和平坦，因此两个导体接触时不能在整个接触表面上接触，而只能在其中的一些点上接触。这就使导体中的电流线在接触处发生剧烈收缩，使实际接触面积大大缩小，因而接触处的电阻就会增加。

（2）表面电阻。当导体加工后，各导体的接触表面由于尘埃的覆盖、气体分子或水分子的吸附、金属表面的氧化或硫化等原因，会存在一层薄膜。这层薄膜的导电性能很差，又不容易在接触过程中完全去掉，因此将使接触过渡区域的电阻增大。表面电阻的存在也是接触电阻不稳定的主要原因，特别是在触头间的接触压力很小时。表面电阻取决于膜的厚度和性质。金属氧化膜的电阻率都比较大，如氧化铝的电阻值已接近于绝缘电阻；银、锌、镉等的氧化膜虽仍具有很好的导电性，但其电阻率毕竟还是比金属大。因此当触头表面氧化膜较厚时，就会使表面电阻增大，有的甚至使导电性能完全被破坏。

2.7.2.2　影响接触电阻的因素

影响接触电阻的因素有以下几个方面。

（1）金属材料的性质。如铜材比铝材的接触电阻小。

（2）接触处的接触形式。如球面与平面的接触为点接触，其接触电阻最大；柱面与平面或弧面的线接触，接触电阻次之；平面对平面的接触为面接触，接触电阻最小。

（3）接触压力。压力越大，接触电阻越小。

（4）温度。一般说来，温度升高会使接触电阻有所增大。例如，铜在温度超过 70～80℃时，他的表面氧化作用便趋于剧烈，使表面电阻增加。

（5）接触表面的加工情况。对接触表面的光洁度不宜要求过高，磨光的表面反而会使实际接触面积减小而增大接触电阻，但应提高接触面的平整度。

2.7.3　触头的结构型式

电接触中的触头是指专门用以完成可动电接触的导体构件。

其中，做成“静止不动”的或位置基本不变的触头称为静触头；而在开关设备操作中作运动的触头，称为动触头。

静、动触头的组合可构成如下触头的结构型式：

（1）固定触头。固定触头实现了固定电接触。固定触头分为可拆式连接和不可拆式连接，常用于母线之间、母线与电器引出端的连接等，见表 2.3 中（a）～（d）。

表 2.3　　**触头的结构与分类**

类别		图例
固定触头	可拆式连接	
	不可拆式连接	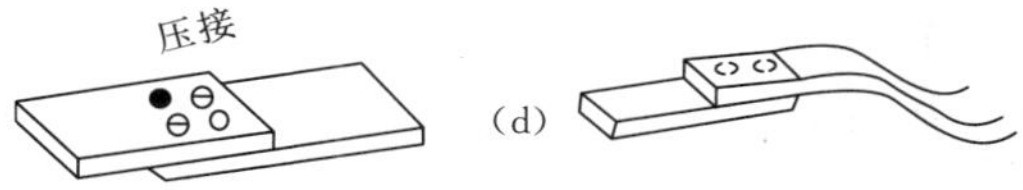
可分触头	对接式触头	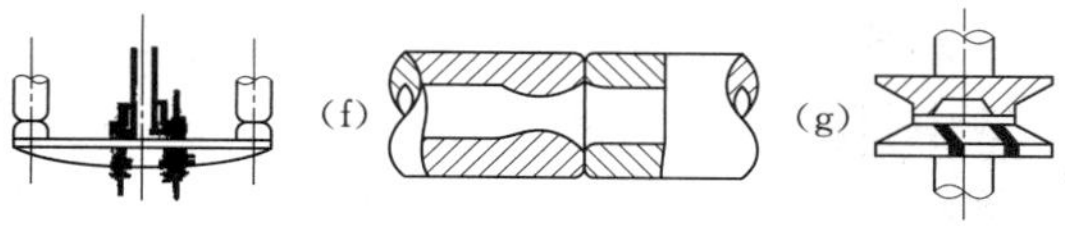
	插入式触头	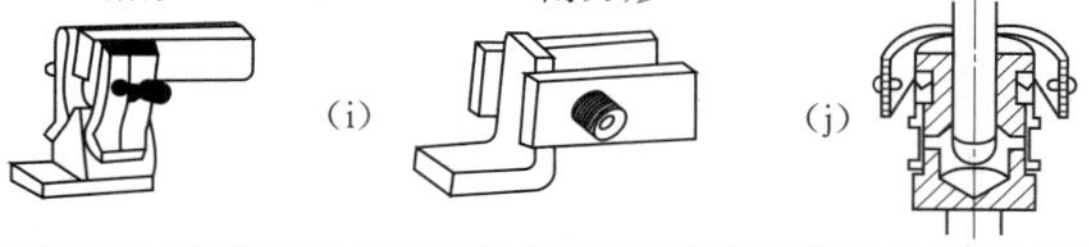
可动触头	滑动触头	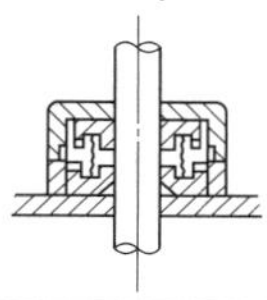
	滚动触头	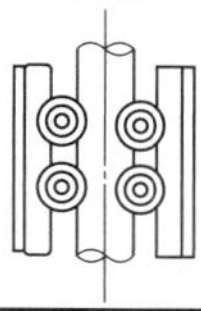

(2) 可分触头。可分离触头简称可分触头，能够实现电路的闭合和开断。可分触头按其结构又可分为对接式和插入式两种。

对接式触头结构简单、断开速度快，接触面不稳定，随压力的变化而变化，关合时触头易发生弹跳，对接触面上氧化物的自净作用差，动热稳定性差，其结构形式通常见表2.3中（e)～(g)。

插入式触头的结构见表2.3中（h)～(j)。(h）为指形触头，动热稳定性好，有一定的自净能力，结构简单，但不易与灭弧室配合使用，因此一般不作为灭弧触头，目前在一些新型隔离开关中应用较多。(i）为闸刀形触头，采用线接触，结构简单，有一定的自净能力，广泛应用于高压隔离开关和低压刀形开关中。(j）为插座形（瓣形）触头，它的静触头是由多片梯形触指组成的插座，动触头是原型铜导电杆，接通时，导电杆插入插座里面，由强力弹簧或弹簧钢片把触指压向导电杆，利用插座的内径与导电杆的外径适当配合，使每片触指内圆的两棱边与圆杆形成线接触，所以接触面的工作非常可靠；接通和断开过程中，圆杆与触指摩擦，接触面得到自净，把氧化物和污垢除去，所以接触面的接触电阻比较稳定；动触头的运动方向与动、静触头间的压力方向垂直，接通静触头的弹跳很小；触指片之间以及触指与导电杆之间的电流是同一方向，电动力趋向于使触指压紧导电杆，短路时的接触很稳定。但是，插座式触头的结构比较复杂，允许通过的电流也受到限制，断开时间也较长。

(3) 可动触头。可动触头在操作过程中只能做相对运动而不能彻底分开。可动触头分为滑动触头和滚动触头。

表 2.3 中（k）为滑动触头的一种，又称为豆形触头，它的静触指分上下两层均匀分布在圆周上，动触杆由其中心通过。该触头由于接触点多、摩擦力大，因此在较小的压力下就具有良好的导电和自净能力，而且轴向尺寸较短。

表 2.3 中（l）为滚动触头的一种，它由圆形截面导电杆、成对的滚轮和固定导电杆等组成。该触头摩擦力小，轴向尺寸较大，自净作用不大。

习题与思考题

2.1　电力系统中性点有哪些运行方式？各有什么特点？

2.2　中性点不接地系统发生单相接地时，产生何种性质的接地电流？各相对地电压、中性点对地电压、线电压如何变化？

2.3　电力系统有哪些接线方式？各有什么特点？

2.4　电力系统失去稳定性是一种什么状况？稳定问题分为哪几类？

2.5　电力系统短路有哪几种形式？发生短路后可能有什么后果？

2.6　何谓三相短路冲击电流？为何要计算三相短路冲击电流？

2.7　何谓电气设备选择的一般条件？

2.8　电弧具有什么特征和危害？其形成过程是怎样的？

2.9　什么是带电质点的复合和扩散？它们与哪些因素有关？

2.10　直流电弧有哪些特性？如何熄灭？

2.11　交流电弧有哪些特性？如何熄灭？

2.12　何谓电接触？电接触的主要分类有哪些？

2.13　什么叫电气触头？电气触头有哪些接触方式？各有何特点？

2.14　电气触头有哪些类型？哪些结构型式的触头具有自净能力？如何提高可分触头的动热稳定性和耐电弧能力？

第3章 电气一次设备与载流导体

3.1 高压断路器

3.1.1 断路器的作用

高压断路器是电力系统中最重要的开关设备，它具有关合和开断两种状态。高压断路器在电网中所起的作用归纳起来有两个方面：一是控制作用，即根据电网运行的需要，用高压断路器将部分电力设备或线路投入或退出运行；二是保护作用，即在电力设备或线路发生故障时，用高压断路器将故障部分从电网中快速切除，保证电网无故障部分正常运行。

3.1.2 断路器的基本结构

由于高压断路器的电压等级、使用环境、绝缘材料等许多方面不同，因此不同种类的断路器的外形有较大差异。然而，断路器基本结构组成是类似的。

图 3.1 是断路器的典型结构，图中开断元件是断路器用来进行关合、承载和开断正常工作电流和故障电流的执行元件，它包括动触头、静触头、导电部分和灭弧室等。灭弧室内充满具有高绝缘和灭弧性能的介质，为高压断路器的核心。触头的分合动作是靠操动机构驱动和传动机构带动的。常用的操动机构有电磁操动机构、弹簧操动机构、压缩空气操动机构和液压操动机构等。

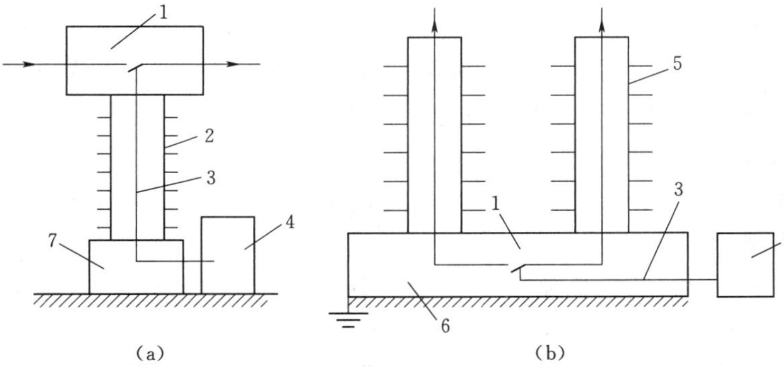

图 3.1 高压断路器典型结构简图

(a) 绝缘支柱式；(b) 落地罐式

1—开断元件；2—绝缘支柱；3—传动机构；4—操动机构；5—绝缘套管；6—接地外壳；7—底座

在图 3.1 (a) 所示的结构中，开断元件放在绝缘支柱上，使处于高电位的触头、导电部分及灭弧室与地绝缘。绝缘支柱则安装在接地的基座上。这类结构的断路器称为绝缘支柱式断路器。图 3.1 (b) 所示的断路器称为外壳接地型断路器（又称落地罐式断路器）。这种结构断路器的开断元件放在接地的箱壳中，其间的绝缘依靠气体（如 SF_6）或液体（变压器油）来承担，导电部分经绝缘套管引入。由于这种结构的断路器比较稳定，抗震性能也好，所以经常在高压和超高压断路器中使用。

3.1.3　断路器的类型及几种常见的断路器

断路器的种类很多。按灭弧介质可分为油断路器、SF_6 断路器、真空断路器等；按安装场所可分为户内式和户外式。

断路器的种类可由断路器的型号予以体现。其型号的表示方式如图 3.2 所示。另外根据断路器在电网中的位置也常有如下分类：发电机断路器（安装在发电机出口处）、输电线路断路器（安装在输电线路两端）、配电（馈线）断路器（安装在向负荷供电的线路上）、母联断路器（安装在开关站或变电站双母线之间）、分段断路器（安装在两段母线之间）等。

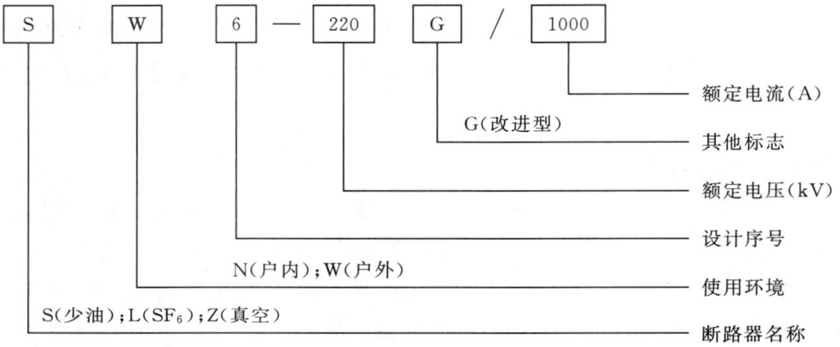

图 3.2　断路器的型号

以下根据灭弧介质的不同介绍几种常见的断路器：

（1）油断路器。采用油作灭弧介质，按绝缘结构分为多油式与少油式断路器。多油式断路器的油同时兼作灭弧介质和不带电体之间的绝缘介质，耗油量大，现已淘汰。而少油式断路器的油只作为灭弧介质和触头间弧隙的绝缘介质，断路器中的带电导体与接地部件之间的绝缘主要采用瓷件，油量少，占地少，价廉，已有长期运行经验，当前在 110～220kV 电压等级配电装置中仍占有一席之地。由于油断路器的开断性能差，且 110kV 电压以上产品为积木式、多断口的结构，很难实现断口电压均衡，因而其在 500kV 及以上电压等级的配电装置中禁止运用。

图 3.3 为 SW6－220 少油断路器一相外形及一个灭弧室的结构。灭弧室由 6 块灭弧片和 5 块衬环相叠而成。由于衬环的作用，使灭弧片之间形成油囊。静触头空腔内装有压油活塞、弹簧及活塞杆。分闸时，压油活塞在弹簧力的作用下，顺着动触头的移动方向而压油，绝缘油由设好的油孔喷出。同时，动、静触头间形成电弧，使油汽化，形成气泡向上运动，导电杆向下运动。当导电杆的顶端（活动触头）遇油囊时，油被汽化，从而对电弧形成纵吹，使电弧冷却而熄灭。也恰是在分闸的一瞬，压油活塞移动形成油的有序流动，所以这种断路器既可断开小电流形成的较弱电弧，又可避免开断容性电流电弧重燃造成的过电压。

（2）SF_6 断路器。采用不可燃和有优良绝缘与灭弧性能的 SF_6 气体作灭弧介质，具有

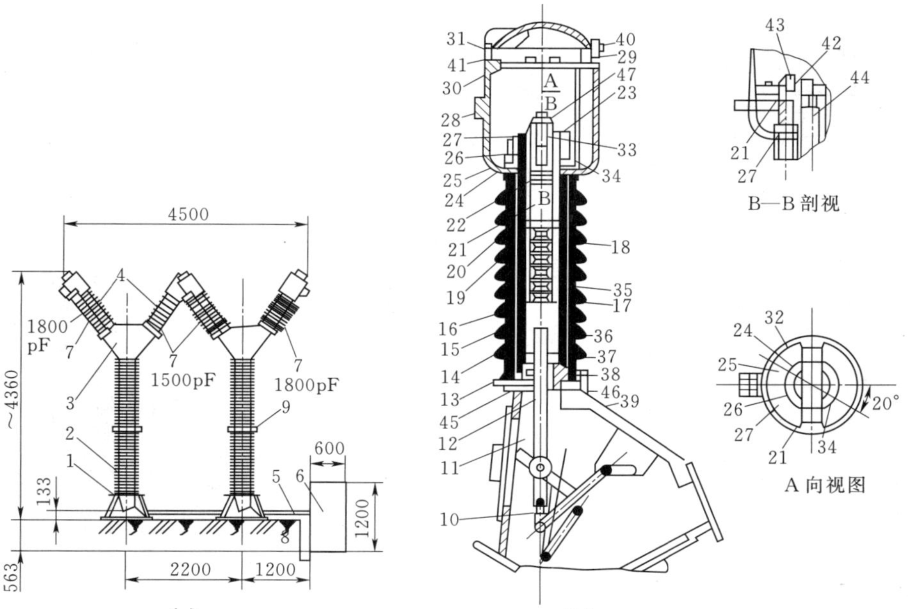

图 3.3 SW6-220 型少油断路器（尺寸单位：mm）

(a) 一相的外形尺寸（相间中心距为 3000mm）；(b) 灭弧室（断口）剖面图

1—座架；2—支柱绝缘子；3—三角形机构箱；4—灭弧装置；5—传动拉杆；6—操动机构；7—均压电容器；8—支架；9—卡固法兰；10—直线机构；11—中间机构箱；12—导电杆；13—放油阀；14—玻璃钢管；15—下衬筒；16—调节垫；17—灭弧片；18—衬环；19—调节垫；20—上衬筒；21—静触头；22—压油活塞；23—密封垫；24—铝压圈；25—逆止阀；26—铁压圈；27—上法兰；28—接线板；29—上盖板；30—安全阀片；31—帽盖；32—铝帽；33—铜压圈；34—通气管；35—瓷套；36—中间触头；37—毛毡垫；38—下铝法兰；39—导电板；40—M10 螺丝；41—M12 螺母；42—导向件；43—M14 螺丝；44—压油活塞弹簧；45—M12 螺丝；46—胶垫；47—压油活塞装配

优良的开断性能。SF_6 断路器运行可靠性高，维护工作量少，故适用于各电压等级，特别 220kV 及以上配电装置中得到最广泛的运用。但是，SF_6 断路器在 35kV 及以下屋内配电装置中使用较少，这是因为 SF_6 气体虽无毒，但分解物有毒性，而且 SF_6 比重比空气大 5.1 倍，所以将 SF_6 断路器布置在屋内，需良好的通风、排风和可靠的检漏与检测设备，以防人员（特别是电缆沟内工作人员）中毒及窒息。需要特别注意的是，SF_6 气体是一种很强的温室效应气体，其温室效应作用数万倍于 CO_2 气体，1997 年联合国气候变暖框架公约缔约国会议已将 SF_6 列入 6 种必须加以限制排放的温室效应气体之一，而全世界 SF_6 气体产量的一半均用于高压断路器，因此对断路器的 SF_6 气体防漏、检测及回收显得十分重要。

SF_6 断路器的外形结构可分为绝缘子支柱式和落地罐式两大类，如图 3.4 所示。

图 3.5 为单压式 SF_6 断路器灭弧室结构及灭弧过程示意图。其中 3.5 (a) 为合闸位置，电流经 A-C（及 D）-B-H 与外部连接；图 3.5 (d) 为分闸位置，因 SF_6 绝缘性能好，所以触头的开距很小（110kV 级仅为 30mm）；图 3.5 (b) 为触头刚分前时刻，由于活动工作缸 C 右移，缸内 SF_6 气体压力进一步增大，图 3.5 (c) 为灭弧过程中，缸内 SF_6 气体猛烈喷出，使电弧迅速熄灭。

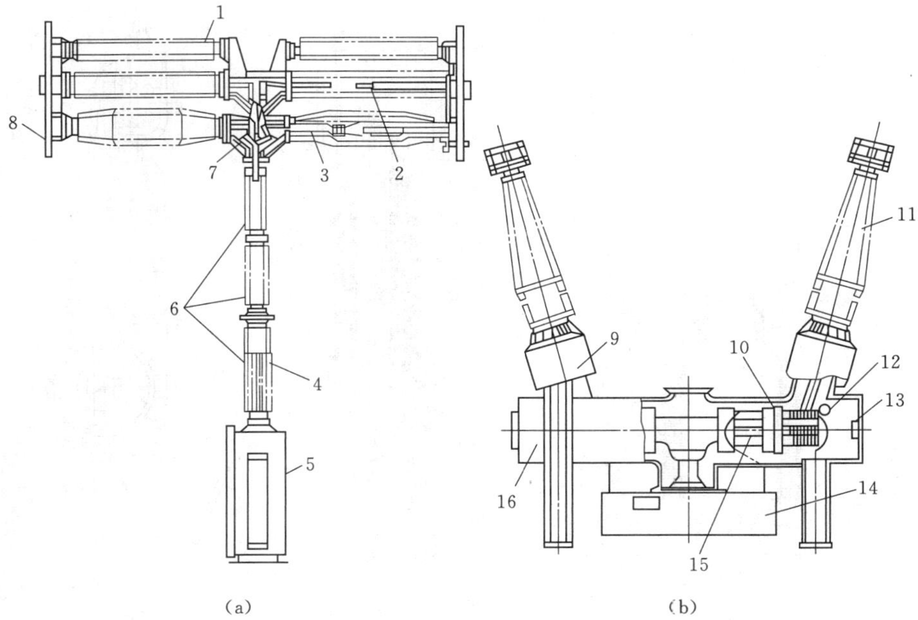

图 3.4　SF_6 断路器的外形结构示意图

(a) 500kV 支柱式 SF_6 断路器；(b) 500kV 罐式 SF_6 断路器

1—均压电容器；2—合闸电阻；3—灭弧室；4—绝缘拉杆；5—操动机构；6—支柱瓷套；7—连杆箱；8—线路端子；9—套管式电流互感器；10—灭弧室；11—套管；12—合闸电阻；13—吸附剂；14—操动机构箱；15—并联电容器；16—罐体

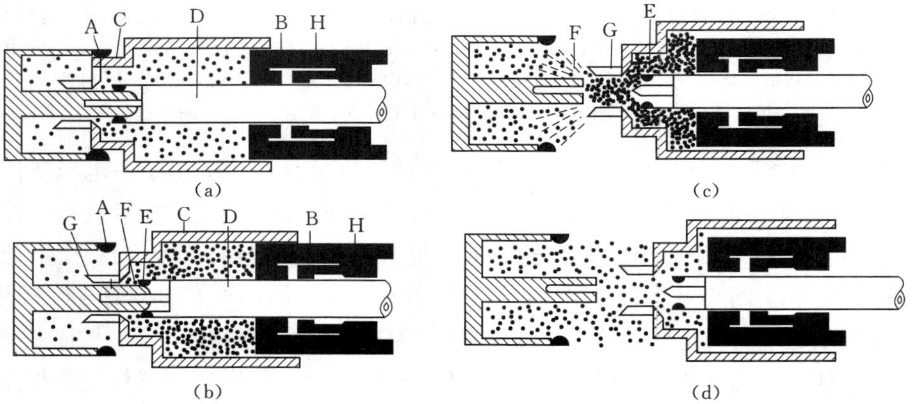

图 3.5　单压式 SF_6 断路器灭弧室结构及灭弧过程示意

(a) 合闸位置；(b) 触头刚分前时刻；(c) 灭弧过程中；(d) 分闸位置

A—静触指；B—静触头；C—活动工作缸（压气泵）；D—活动触管；E—燃触指；F—燃弧杆；G—喷嘴；H—静触头支持件（固定活塞）

(3) 真空断路器。利用真空的高介质强度灭弧，具有灭弧时间快、低噪声、高寿命及可频繁操作的优点，已在 35kV 及以下配电装置中获得最广泛的采用。

图 3.6 (a) 为 12kV 真空断路器的结构原理图，图 3.6 (b) 为真空灭弧室的剖面图。真空断路器由操动机构、支撑用的绝缘子和真空灭弧室组成。真空灭弧室的结构很像一个

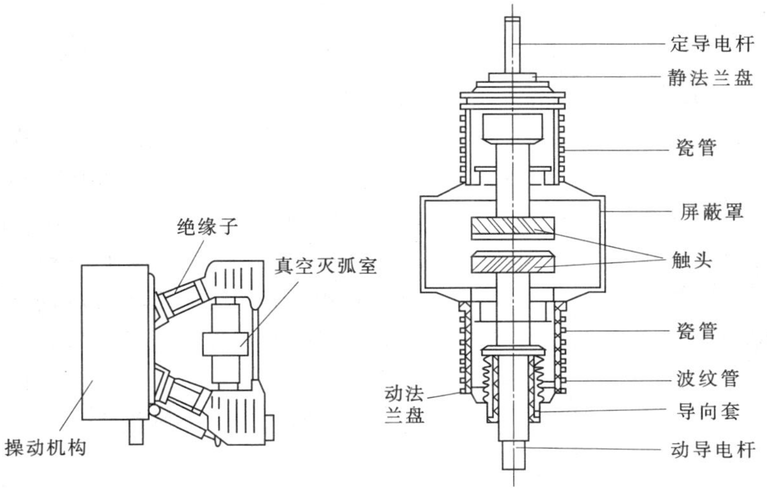

图 3.6 真空断路器与真空灭弧室的结构图

(a) 结构原理图；(b) 真空灭弧室剖面图

大型的真空电子管。外壳由玻璃或陶瓷制成，动触头运动时的密封靠波纹管。波纹管在允许的弹性变形范围内伸缩，要求有足够高的机械寿命（1 万次以上）。动、静触头的外围装有屏蔽罩，它起着吸附、冷凝金属蒸汽，保护玻璃或陶瓷外壳的内表面不受金属蒸汽的喷溅，防止降低内表面绝缘性能的作用，同时还有均匀电场分布的作用。

真空灭弧室的绝缘性能好，所以触头开距小，操动机构所需提供的能量也小，开断时触头表面烧损轻微。因此真空断路器的机械寿命和电气寿命都很高。通常其机械寿命和开合负载电流的寿命都可达 1 万次以上，允许开合额定开断电流的次数少则 8 次，多则可到 50 次或更多，这是其他类型的断路器无法与之比拟的，所以特别适宜用于要求操作频繁的场所。真空断路器切断短路电流及分合电动机负荷时，会产生截流过电压，需采用氧化锌避雷器等过电压保护措施。

(4) 压缩空气断路器。采用压缩空气做灭弧介质，具有大容量下开断能力强及开断时间短的特点，但结构复杂、尚需配置压缩空气装置，价格较贵，而且合闸时排气噪音大，所以主要用于 220kV 及以上电压的屋外配电装置。

3.1.4 断路器的操动机构

3.1.4.1 操动机构的工作原理

高压断路器触头的分、合动作必须依靠一定的机械操动系统来完成。在断路器本体以外的机械操动装置称为操动机构，而操动机构与断路器动触头之间连接的传动部分称为传动机构和提升机构。图 3.7 为 12kV 少油户内断路器的安装图。断路器的主轴 1 通过连杆 5 与操动机构的主轴 2 连接在一起。操动机构接到分、合闸信号后，在外界能源作用下，使主轴 2 转动，再通过连杆 5 带动断路器主轴 1 和导电杆（动触头）完成断路器主轴 1 和导电杆（动触头）完成断路器的分、合闸操作。上述关系可用图 3.8 表示。

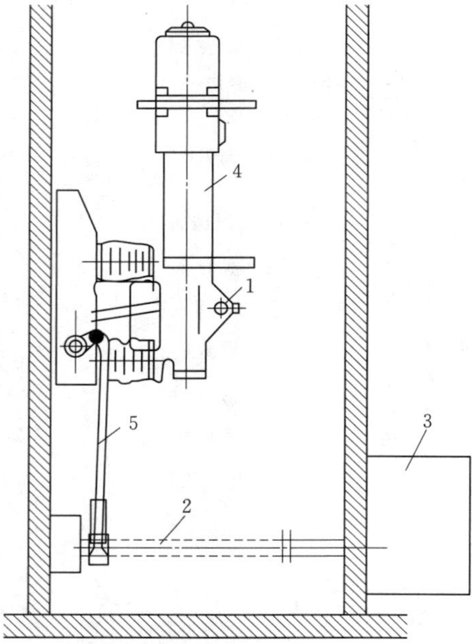

图 3.7　断路器与操动机构

1—断路器主轴；2—操动机构主轴；3—操动机构；4—断路器；5—连杆

操动机构的合闸操作可通过手动、电动或储存能量的释放来实现。能量储存的形式有电磁能、弹簧能、重力位能、气体或液体的压缩能等。根据操动能量形式的不同，操动机构可分为手动操动机构（CS）、电磁操动机构（CD）、弹簧操动机构（CT）、电动机操动机构（CJ）、气动操动机构（CQ）和液压操动机构（CY）等。大部分断路器的分闸操动可以依据安装在断路器上的分闸弹簧来提供能量，但有些气动操动机构与液压操动机构也可利用操动机构本身提供的能量来完成断路器的分闸操作。

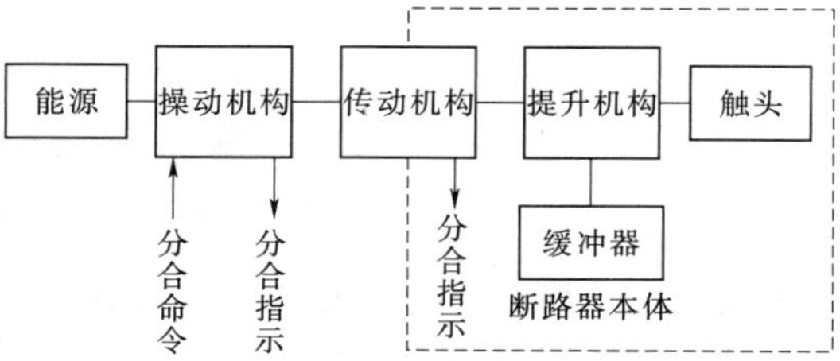

图 3.8　断路器与操动机构的组成

提升机构是断路器的一个部分，是带动断路器触头运动的机构。它能使动触头按照一定的轨迹运动，通常为直线运动或近似直线运动。传动机构是连接操动机构和提升机构的中间环节。当操动机构与提升机构之间相隔一定的距离，或者它们的运动方向不一致时，需要增设传动机构。提升机构与传动机构通常由连杆机构组成。

断路器操作时的速度很高。为了减少撞击，避免零部件的损坏，需要装置分、合闸缓冲器。缓冲器大多装在提升机构的近旁。

操动机构按照分、合闸信号进行操作。根据运行与维护要求，操动机构除了应有分、合闸的电信号指示外，在操动机构及断路器上还应设具有反映分、合闸位置的机械指示器。

3.1.4.2　操动机构的要求

操动机构的工作性能和质量的优劣对高压断路器的工作性能和可靠性起着极为重要的作用。对于操动机构的主要要求分述如下。

（1）合闸。在电网正常工作时，用操动机构使断路器关合，这时电路中流过的是工作电流，关合是比较容易的。但在电网事故情况下，如断路器关合有预伏短路故障的电路时，情况就要严重很多。操动机构必须足以克服短路电动力的阻碍，才能具备关合短路故障的能力。

实际工作条件下，电磁、气动与液压等操动机构还应考虑到能源的电压、气压和液压在一定范围内变化时仍能可靠地工作。

手动操动机械依靠人力合闸。当电路中存在有预伏故障时，用手动操动机构关合断路器更易发生事故，而且操作时操作人员靠近断路器，一旦断路器发生严重故障，极易造成操作人员的伤亡，这是很危险的。因此，手动操动机构只能装置在电压较低、短路电流很小的场所中。对于直流电源不易解决的场所，最好使用手力储能的弹簧操动机构。

总之，就合闸操作而言，操动机构应有足够能力来带动断路器可靠关合电路。表明操动机构合闸能力大小的一项主要指标是操动机构输出的机械功（操作功）；一般 12kV 断路器需要的操作功约为几百焦耳，而 126kV 断路器则需要几千焦耳或更高。

（2）保持合闸。由于合闸过程中，合闸命令的持续时间很短，而且操动机构的操作力也只在短时内提供，因此操动机构中必须有保持合闸状态的能力，以保证在合闸命令和操作力消失后，断路器仍能保持合闸位置。

以图 3.9 中的 CD2－40 电磁操动机构为例，接到合闸命令后，合闸线圈通电，合闸电磁铁的铁芯顶杆 10 向上运动，通过连杆 1、2、3 推动操动机构的主轴 O1 顺时针方向转动，再通过传动机构与提升机构带动断路器关合电路。合闸结束后，滚轮 11 落在鞍架 7 上。这样，当合闸命令解除，合闸线圈不再通电，铁芯顶杆落下后，由于鞍架 7 已将滚轮 11 托住，所以断路器仍能保持在合闸位置，见图 3.9（d）。

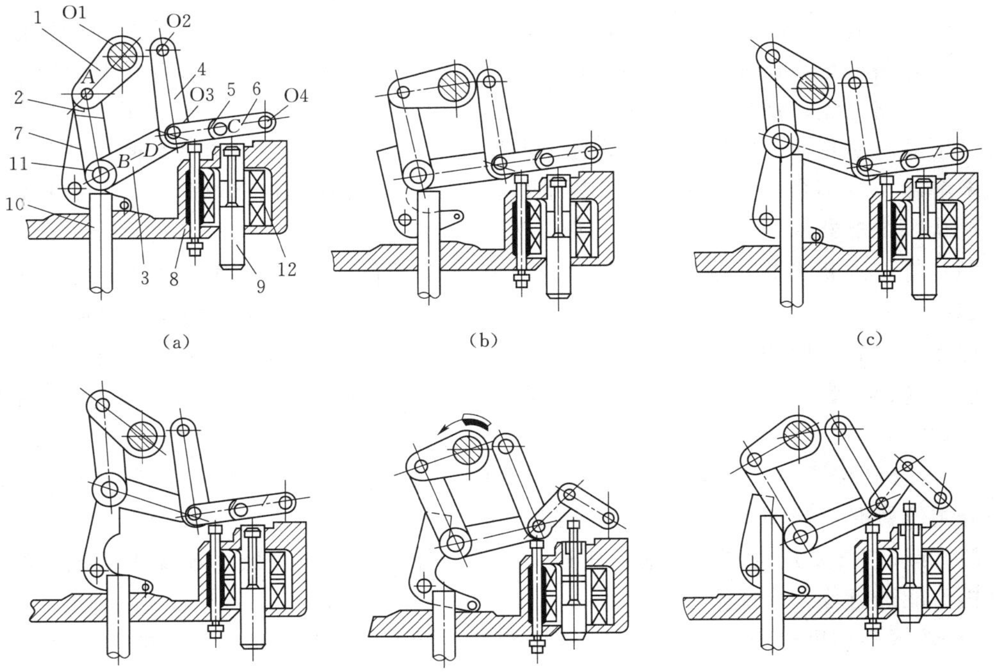

(a) (b) (c)

(d) (e) (f)

图 3.9　CD2－40 电磁操动机构的动作过程

（a）准备合闸前的分闸位置；（b）合闸过程中；（c）合闸过程刚结束铁芯顶杆尚未落下；（d）合闸位置；（e）分闸过程；（f）分闸过程中的自由脱扣

1、2、3、4、5、6—连杆；7—鞍架；8—调节螺栓；9—分闸电磁铁芯；10—合闸电磁铁铁芯顶杆；11—滚轮；12—分闸电磁铁线圈

(3) 分闸。操动机构不仅要求能够电动（自动或遥控）分闸，在一般情况下，还应该可以在操动机构上进行手动分闸，而且要求断路器的分闸速度与操作人员的动作快慢和下达命令的时间长短无关。例如，CD2-40电磁操动机构的分闸过程如下：当断路器接到分闸命令后，分闸电磁铁的线圈12通电，铁芯9向上运动，使C点向上，轴销O3向右移动，于是滚轮11从鞍架7上落下。操动机构的主轴O1在断路器分断弹簧作用下，向反时针方向转动，完成断路器的分闸操作。为了减少分闸信号的能量，达到快速分闸、简化继电保护回路的要求，在操动机构中应有分闸省力措施，图3.9中的连杆4、5、6即是为了省力而设置。

(4) 自由脱扣。自由脱扣的含义是断路器合闸过程中如操动机构又接到分闸命令，则操动机构不应继续执行合闸命令而应立即分闸。图3.9 (f) 就是这种情况。当操动机构接到分闸命令后，即使合闸命令尚未解除，铁芯顶杆仍在向上运动，但在连杆4、5、6的作用下，仍能使断路器立即分闸。连杆4、5、6称为自由脱扣装置。值得注意的是自由脱扣时的断路器分闸速度常常达不到规定的数值，能否可靠地开断短路电流，需要通过试验验证。

(5) 防跳跃。当断路器关合有预伏短路故障电路时，不论操动机构有无自由脱扣，断路器都应自动分闸。此时若合闸命令还未解除（如转换开关的手柄或继电器还未复位），则断路器分闸后又将再次短路合闸，紧接着又会短路分闸。这样，有可能使断路器连续多次分、合短路电流，这一现象称为“跳跃”。出现“跳跃”现象时，断路器无谓地连续多次合、分短路电流，造成触头严重烧损甚至引起爆炸事故。因此，对于非手力操作的操动机构必须具有防止“跳跃”的能力，使得断路器关合短路电路而又自动分闸后即使合闸命令尚未解除，也不会再次合闸。因此操动机构分、合闸操作的控制电路中，一般都要加装防“跳跃”继电器从而避免“跳跃”的出现。

(6) 复位。断路器分闸后，操动机构中的各个部件应能自动地回复到准备合闸的位置，如图3.9 (a) 所示的情况。对于手动操动机构，允许通过简单的操作后回复到准备合闸位置，因此，操动机构中还需装设一些复位用的零部件，如连杆或返回弹簧等。

(7) 连锁。为了保证操动机构动作可靠，要求操动机构具有一定的连锁装置。常用的连锁装置如下：

1) 分合闸位置连锁。保证断路器在合闸位置时，操动机构不能进行合闸操作；断路器在分闸位置时，操动机构不能进行分闸操作。

2) 低气（液）压与高气（液）压连锁。当气体或液体压力低于或高于额定值时，操动机构不能进行分、合操作。

3) 弹簧操动机构中的位置连锁。弹簧储能达不到规定要求时，操动机构不能进行分、合闸操作。

3.1.4.3　操动机构特点比较

操动机构对高压断路器的发展影响极大。例如大功率液压操动机构的出现，对超高压少油断路器和SF_6断路器的发展起到了决定性的作用。现代超高压断路器的开断时间已达到两周波的水平，主要也是操动机构改进的结果。各类操动机构的特点见表3.1。

表 3.1 断路器不同类型操动机构的特点

型式	主要优点	主要缺点	备注
手动操动机构	(1) 靠手力直接合闸，结构简单，价廉； (2) 不需要合闸能源	(1) 不能遥控和自动合闸； (2) 合闸能力小； (3) 就地操作，不安全	用于 12kV 以下，开断电流小的断路器
电磁操动机构	(1) 靠电磁力合闸，结构简单，加工容易； (2) 运行经验多	(1) 需要大功率的直流电源； (2) 耗费材料多	当前 12kV 及以下的油断路器大部分采用电磁操动机构，但不是发展方向
弹簧操动机构	(1) 利用已储能的弹簧为动力，要求电源的容量小； (2) 交、直流电源都可用； (3) 暂时失去电源时仍能操作一次	(1) 结构较复杂； (2) 零部件加工精度要求高	用于中小型断路器，是发展方向
气动操动机构	(1) 利用压缩气体作为动力，不需要直流电源； (2) 对大功率的操作机构，结构比较笨重	(1) 需要空压设备； (2) 对大功率的操作机构，结构比较笨重	用于有空压设备的场所
液压操动机构	(1) 利用液压油作为动力，不需要直流电源； (2) 暂时失去电源时仍能操作多次； (3) 功率大、动作快、操作平衡	(1) 加工精度要求高； (2) 价格较贵	适用于 126kV 及以上的高压断路器，是发展方向

3.1.5 高压断路器的选择

3.1.5.1 额定电压和电流的选择

高压断路器的额定电压和电流的选择需满足式（2.5）和式（2.6）的要求。

3.1.5.2 开断电流的选择

高压断路器的额定开断电流 I_{Nbr} 是指在额定电压下能保证正常开断的最大短路电流，它是表征高压断路器开断能力的重要参数。高压断路器在低于额定电压下，开断电流可以提高，但由于灭弧装置机械强度的限制，故开断电流仍有一定的限值，该限值称为极限开断电流，即高压断路器开断电流不能超过极限开断电流。

额定开断电流应包括短路电流周期分量和非周期分量，而高压断路器的 I_{Nbr} 是以周期分量有效值表示，并计入了 20%的非周期分量。

一般中小型发电厂和变电站采用中、慢速断路器，开断时间较长（≥0.1s），短路电流非周期分量衰减较多，可不计非周期分量影响，采用起始次暂态电流 I'' 校验，即

$$I_{\mathrm{Nbr}} \geqslant I'' \tag{3.1}$$

在中大型发电厂（125MW 及以上机组）和枢纽变电站使用快速保护和高速断路器，开断时间小于 0.1s，当在电源附近短路时，短路电流的非周期分量可能超过周期分量的 20%，需要用短路开断计算时间 t'_{k}[参见式（2.11）] 对应的短路全电流 I'_{k}进行校验，即

$$\left.\begin{aligned} & I_{\mathrm{Nbr}} \geqslant I'_{\mathrm{k}} \\ & I'_{\mathrm{k}}=\sqrt{I_{\mathrm{pt}}^{2}+(\sqrt{2} I'' e^{-\frac{\omega t'_{\mathrm{k}}}{T_{\mathrm{a}}}})^{2}} \end{aligned}\right\} \tag{3.2}$$

式中，I_{pt} 为开断瞬间短路电流周期分量有效值，当开断时间小于 0.1s 时，$I_{pt} \approx I''$(A)；T_a 为非周期分量衰减时间常数，$T_a = x_{\Sigma}/r_{\Sigma}$(rad)，其中的 x_{Σ}、r_{Σ} 分别为电源至短路点的等效总电抗和总电阻。

当非周期分量所占实际比值大于 20%时，超过了断路器型式试验的条件，因此还应向制造部门要求补充试验数据。

3.1.5.3　短路关合电流的选择

在断路器合闸之前，若线路上已存在短路故障，则在断路器合闸过程中，动、静触头间在未接触时即有巨大的短路电流通过（预击穿），更容易发生触头熔焊和遭受电动力的损坏，且断路器在关合短路电流时，不可避免地在接通后又自动跳闸，此时还要求能够切断短路电流，因此，额定关合电流是断路器的重要参数之一。为了保证断路器在关合短路时的安全，断路器的额定短路关合电流 i_{Ncl} 不应小于短路电流最大冲击值 i_{sh}，即

$$i_{Ncl} \geqslant i_{sh} \tag{3.3}$$

3.1.5.4　短路热稳定和动稳定校验

短路热稳定和动稳定校验需满足式（2.7）和式（2.8）的要求。

3.1.5.5　发电机断路器的特殊要求

发电机断路器与一般的输配电高压断路器相比，由于在电网中处于特殊位置及开断保护对象的特殊性，因而在许多方面有着特殊要求。对发电机断路器的要求可概括为三个方面：

（1）额定值方面的要求。发电机断路器要求承载的额定电流特别高，而且开断的短路电流特别大，这都远超出相同电压等级的输配电断路器。

（2）开断性能方面的要求。发电机断路器应具有开断非对称短路电流的能力，其直流分量衰减时间可达 133ms，还应具有关合额定短路电流的能力，该电路峰值为额定短路开断电流有效值的 2.74 倍，以及要具有开断失步电流的能力等。

（3）固有恢复电压方面的要求。因为发电机的瞬态恢复电压是由发电机和升压变压器参数决定的，而不是由系统决定的，所以其瞬态恢复电压上升率取决于发电机和变压器的容量等级，等级越高，瞬态恢复电压上升得越快。

由此可见，发电机断路器与相同电压等级的输配电断路器相比应满足许多高的要求，有的甚至是“苛刻”的要求。因此，对发电机断路器除了应满足现有的开关制造标准，还制定了发电机断路器的通用技术标准。在选用发电机断路器时，特别是大型机组应对上述特殊要求给予充分重视，选用专用的发电机断路器；对小型机组可采用真空断路器；对于 125MW 及以上的中大型机组为使厂房无油化，少油式断路器已不采用，主要采用 SF_6 断路器、压缩空气断路器。

3.2　隔　离　开　关

3.2.1　隔离开关的作用

隔离开关是高压电力系统中保证工作安全的开关电器。其结构较为简单，没有专门的

灭弧装置，因此只能开断很小的电流，不能用来开断负荷电流，更不能开断短路电流。隔离开关在分闸时，动、静触头间有明显可见的断口，绝缘可靠。

隔离开关的功能可概括如下：

(1) 隔离电压。在检修电气设备时，用隔离开关将被检修的设备与电源电压隔离，以确保检修的安全。

(2) 倒闸操作。投入备用母线或旁路母线以及改变运行方式时，常用隔离开关配合断路器，协同完成操作。

(3) 分、合小电流。因隔离开关具有一定的分、合小电感电流和电容电流的能力，故一般可用来进行以下操作：分、合避雷器、电压互感器和空载母线；分、合励磁电流不超过 2A 的空载变压器；关合电容电流不超过 5A 的空载线路。

3.2.2 隔离开关的分类及型号

隔离开关可按如下方式分类：

(1) 按装设地点的不同，分为户内式和户外式两种。图 3.10 为户内一般配电用隔离开关的结构图。隔离开关的三相共装在同一个底架上，操动机构通过连杆操动转轴完成分、合闸操作。闸刀采用矩形铜条型，以便用磁锁装置来提高开关对短路电流的稳定性。

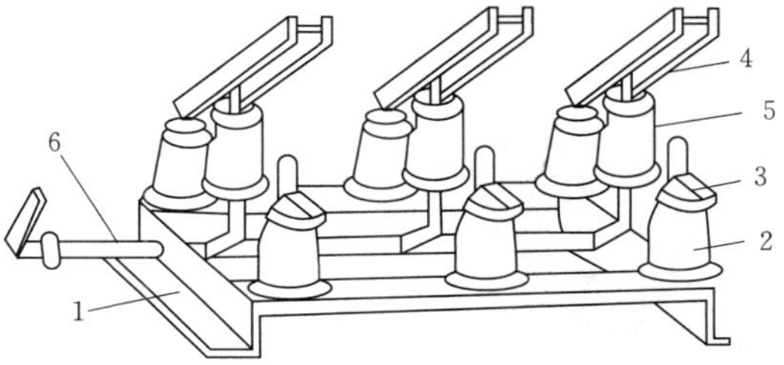

图 3.10 户内配电用隔离开关的结构图

1—底座；2—支柱瓷瓶；3—静触头；4—闸刀；5—操作瓷瓶；6—转轴

(2) 按绝缘支柱数目不同，分为单柱式、双柱式和三柱式三种。图 3.11 为单柱式隔离开关，其静触头被独立地安装在架空母线上。可动闸刀安装在瓷柱顶部，由操动机构通过传动机构带动，像剪刀一样向上运动，用夹住或释放装在母线上静触头的方法来合闸和分闸。使用单柱式隔离开关可以显著地节省变电站的占地面积。但单柱式隔离开关结构比较复杂，一般只在 220kV 及以上超高压等级中使用。图 3.12 为双柱式隔离开关，图中闸刀处于合闸位置。分闸时，由绝缘瓷瓶带动转臂闸刀在水平面上转动实现分闸。这种开关不占上部空间，但相间距离要求大。图中隔离开关还带有一个接地闸刀，接地闸刀由传动轴带动。图 3.13 为三柱式隔离开关，两边的绝缘支柱瓷瓶固定在支架上，中间的绝缘瓷瓶安装在轴上。分闸时中间的绝缘瓷瓶带动转臂闸刀转动 60°，使闸刀在水平面上转动而分闸。与双柱式隔离开关相比，其相间距离要求较小。另外，还有 V 形双柱式隔离开关，如图 3.14 所示，与双柱式隔离开关相比，它的底座较小，易于满足特殊方式安装的要求。

(3) 按动触头运动方式不同，可分为水平旋转式、垂直旋转式、摆动式和插入式等。

(4) 按有无接地闸刀，可分为无接地闸刀、一侧有接地闸刀、两侧有接地闸刀三种。

(5) 按操动机构的不同，分为手动式、电动式、气动式和液动式等。

(6) 按极数分为单极、双极、三极三种。

(7) 按安装方式分为平装式和套管式。

隔离开关型号含义如图 3.15 所示。

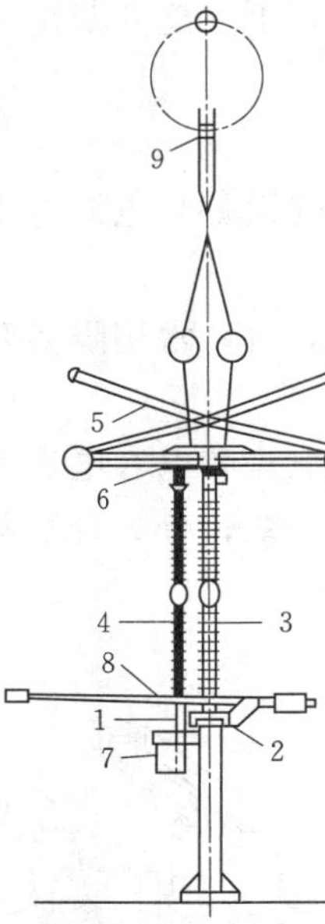

图 3.11 单柱式隔离开关

1—转动轴；2—支架；3—支柱绝缘子；
4—转动绝缘子；5—导电架；6—轴承箱；
7—操作机构；8—接地开关；
9—悬挂（静）触头

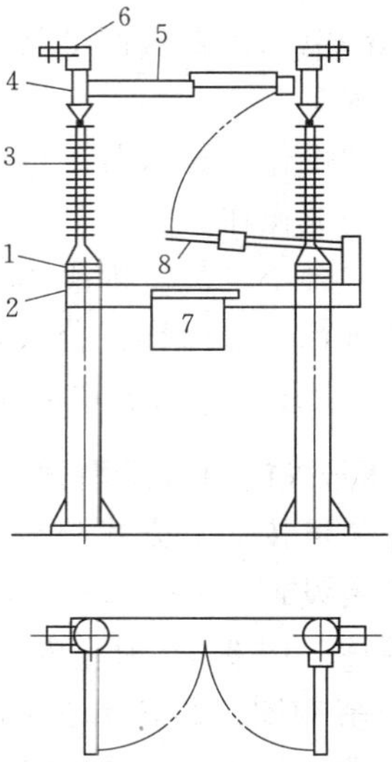

图 3.12 双柱式隔离开关

1—轴承座；2—支架；3—绝缘瓷瓶；
4—转动头；5—转臂（闸刀）；6—高压出线座；
7—操作机构；8—接地开关

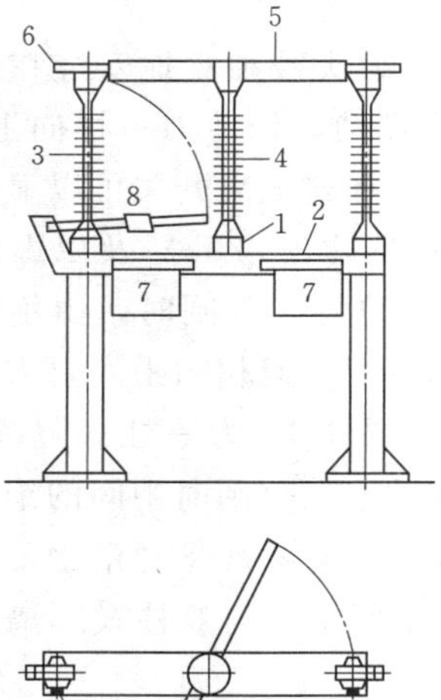

图 3.13 三柱式隔离开关

1—转动轴；2—支架；3—固定绝缘瓶；
4—转动绝缘瓷柱；5—刀闸转臂；
6—高压出线端；7—操作机构；
8—接地开关（刀闸）

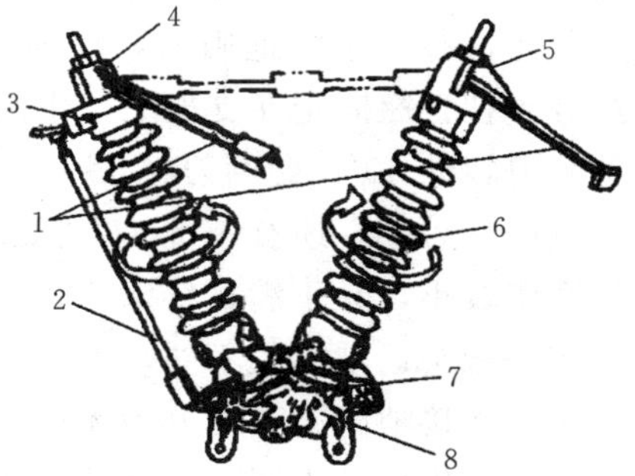

图 3.14 V形双柱式隔离开关

1—主闸刀；2—接地闸刀；3—接地闸刀静触头；
4—出线座；5—导电带；6—绝缘子；
7—轴承座；8—伞齿轮

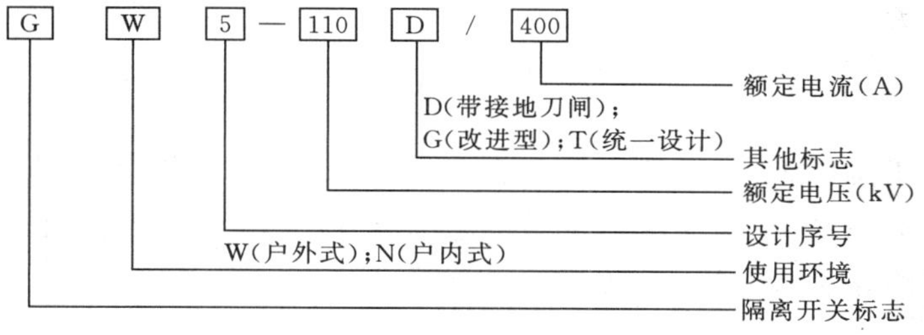

图 3.15 隔离开关型号的含义

3.2.3 隔离开关的选择

隔离开关与断路器相比，在额定电压、电流的选择及短路动、热稳定校验的项目相同。但由于隔离开关不用来接通和切除短路电流，故无需进行开断电流和短路关合电流的校验。

3.3 互 感 器

3.3.1 互感器的作用

互感器是电力系统中测量仪表、继电保护等二次设备获取电气一次回路信息的传感器。互感器的作用是：

(1) 互感器的一次侧接在一次系统，二次侧接测量仪表与继电保护装置等，能将一次侧的高电压和大电流按比例变成二次侧的低电压（100、$100/\sqrt{3}$ V）和小电流（5、1A），提供测量、继电保护所需的信号，便于测量和保护设备的小型化、系列化、标准化生产。

(2) 把电力系统处于高电位的部分与处于低电位的测量仪表和继电保护部分从电气上隔开，以保证运行人员和设备的安全，所以互感器二次侧总有一点可靠接地，从而保证二次侧设备及人员的安全。

互感器可分为电压互感器（又称 TV）和电流互感器（又称 TA），结构上主要是电磁式的。此外，电容式电压互感器在超高压系统中被广泛应用。非电磁式的新型互感器（如电子式互感器、光电式互感器）尚未进入广泛的工业实用阶段。

3.3.2 电压互感器

3.3.2.1 电磁式电压互感器

电磁式电压互感器原理接线如图 3.16 所示。电磁式电压互感器的工作原理和变压器相同，其特点主要是：

(1) 容量很小，类似于一台小容量变压器，但结构上要求有较高的安全系数。

(2) 二次侧仪表和继电器的电压线圈阻抗大，电压互感器接近于空载状态下运行。

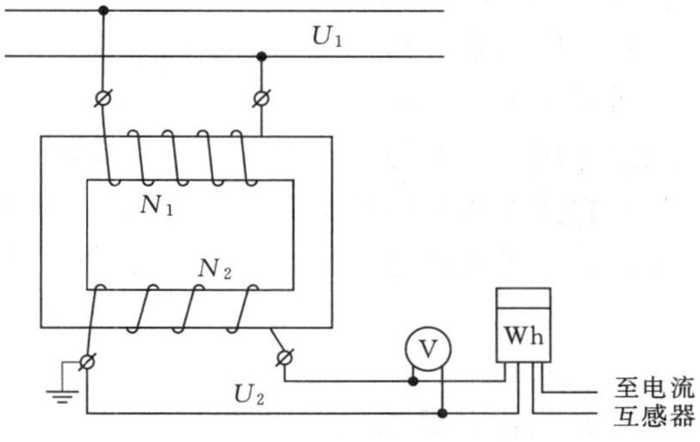

图 3.16 电磁式电压互感器原理接线

一次绕组并接于额定正交电压 $\dot{U}_1$，二次绕组内感应出电压 $\dot{U}_2$，空载时两电压大

小之比（变比）为

$$\frac{U_{1N}}{U_{2N}}=k_U \tag{3.4}$$

以二次侧电压为基准，一次侧电压与之存在相位差，而且相位差也可能是变化的，因此，两侧相位是不一致的。用互感器间接测量电压时，如直接按变比换算，会造成测量误差。电压测量误差称为电压误差，通常用百分数表示

$$\Delta U\%=\frac{U_2k_U-U_1}{U_1}\times 100\% \tag{3.5}$$

计算所得的一次电压和实际一次电压在相角上的差别称为电压互感器的相角差 δ。定义为将二次电压相量旋转 180°后和一次电压相量之间的夹角，以“分”（′）表示。当旋转 180°的二次电压相量超前于一次电压相量时，角误差为正，反之为负。

电磁式电压互感器的结构和运行工况（二次负荷、功率因数和一次电压的大小）对误差都有直接影响。例如减小电压互感器的激磁电流和内阻抗，可使互感器的误差减小。在一次电压和负荷功率因素不变的情况下，电压误差随二次负荷电流的增大而增加，因此必须将二次负荷限制在额定二次容量范围内。如果二次负荷超过该准确级的额定容量，则电压互感器的误差就会增大，准确等级就要降低。此外，电压互感器还按照长期发热的允许条件，规定了它的最大（极限）容量。只有当二次负荷对误差无严格要求时，才允许电压互感器按最大容量使用。

电磁式电压互感器按安装地点分为户内和户外式；按相数分为单相和三相式，只有 20kV 以下才有三相式；按绝缘分为浇注式、油浸式和 SF_6 气体绝缘式，浇注式用于 3～35kV，油浸式主要用于 110kV 及以上。

油浸式电压互感器按其结构可分为普通式和串级式：3～35kV 均制成普通式，经隔离开关和熔断器接入高压电网；110kV 及以上的制成串级结构，其特点是绕组和铁芯放在瓷套中，运行可靠性高，电压互感器只经隔离开关接入高压电网。SF_6 气体绝缘电压互感器一般为 110kV 及以上与 SF_6 全封闭组合电器（GIS）配套使用。

电磁式电压互感器的励磁特性为非线性特性，在 35kV 及以下的电力系统中性点偏移、瞬间电弧接地或进行倒闸操作的激发下，都可能与电力系统分布电容形成铁磁谐振。为此，应采取必要的消谐措施，如在电压互感器零序电压线圈的端口接入电阻或专用电子消谐装置等。

3.3.2.2　电容式电压互感器

随着电力系统输电电压的增高，电磁式电压互感器的体积越来越大，成本随之增高，因此研制了电容式电压互感器。目前，我国 110kV 及以上的电力系统中，除了采用串级电磁式电压互感器外，也采用电容式电压互感器，而且 500kV 电压互感器只生产电容式。

电容式电压互感器如图 3.17 所示。其本体是一个电容分压器，它是用若干电容串联而成的，其一端接高压导线，另一端接地。不接负载时，电容分压器的分压比为

$$k_U=\frac{U_1}{U_2}=\frac{C_1+C_2}{C_1} \tag{3.6}$$

应该指出，只有在采用高内阻电压表时，所测结果才能按上述变比换算出高压侧的电压。如果采用一般的普通电压表，测出的电压将偏小。

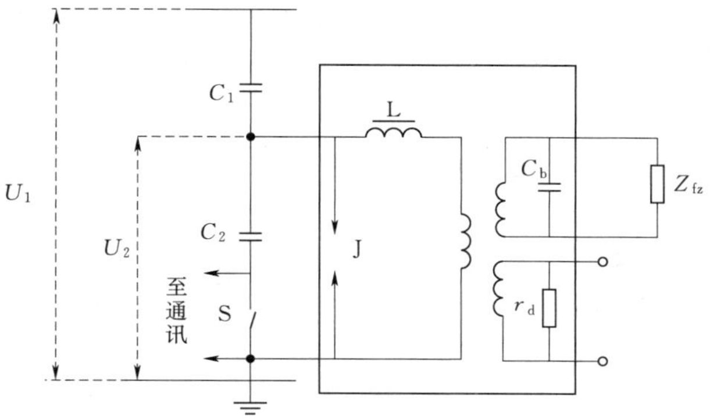

图 3.17 电容分压式电压互感器原理接线

C_1、C_2— 分压电容；S— 刀闸开关；J— 放电间隙；L— 补偿电抗器；

r_d— 阻尼器；C_b— 补偿电容

3.3.2.3 电压互感器的准确级次

电压互感器按误差的大小，可分为各种准确级次：0.2 级、0.5 级、1 级、3 级（测量用）；3P、6P（保护用）。互感器的准确级次是按最大允许的误差来命名的。如 0.5 级的电压互感器，其最大误差值是一次额定电压的±0.5%。电压互感器的准确级次及各准确级次下的误差限值见表 3.2。

表 3.2　　电压互感器的准确级次及误差限值

用途	准确级次	误差限值		一次电压变化范围	功率因素及二次负荷变化范围
		电压误差（±%）	相角差（±′）		
测量	0.2	0.2	10	$(0.8\sim1.2)\ U_{1N}$	$\cos\varphi_2=0.8$ $(0.25\sim1)\ S_{2N}$
	0.5	0.5	20		
	1	1.0	40		
	3	3.0	不规定		
保护	3P	3.0	120	$(0.05\sim1)\ U_{1N}$	
	6P	6.0	240		

电压互感器的型号通常能反映上述信息，其含义如图 3.18 所示。

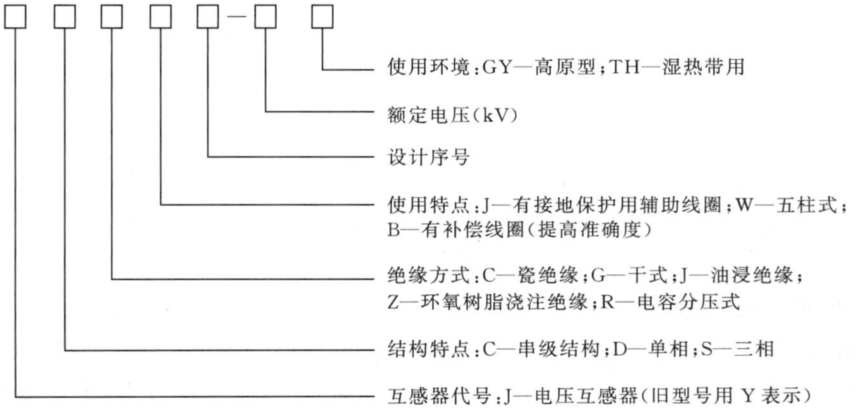

图 3.18 电压互感器的型号

例如，JSJW－10，10/0.1/(0.1/3) kV，0.5，表示油浸三相五柱三绕组电压互感器，一次额定电压为 10kV，两个二次绕组的额定电压分别为 0.1kV 和 0.1kV/3，准确级为 0.5 级。

图 3.19～图 3.21 为三种常见电压互感器外形及内部结构图。

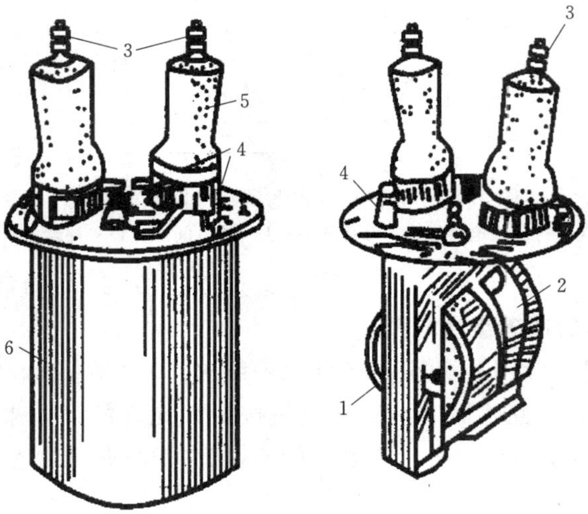

图 3.19　JDJ－10 型油浸自冷式单相电压互感器

1—铁芯；2—10kV 绕组；3—原绕组引出端；4—副绕组引出端；5—套管绝缘子；6—外壳

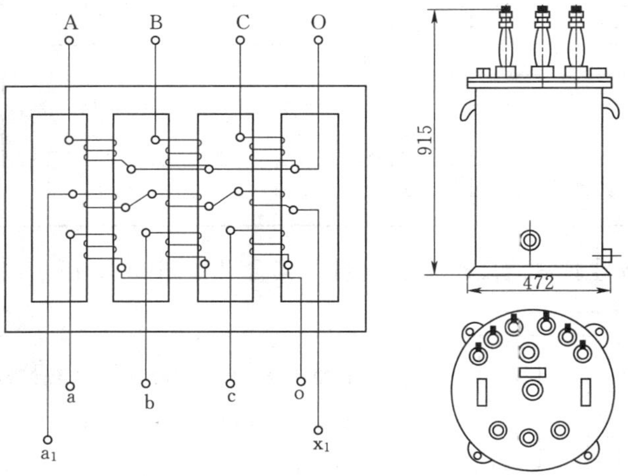

(a)　　(b)

图 3.20　JSJW－10 型三相五柱电压互感器（尺寸单位：mm）

(a) 原理图；(b) 外形图

3.3.2.4　电压互感器的选择

(1) 电压互感器的种类和型式。电压互感器应根据装设地点和使用条件进行选择。

1) 在 6～35kV 屋内配电装置中，一般采用油浸式或浇注式电压互感器；110～220kV 配电装置当容量和准确级满足要求时，宜采用电容式电压互感器，也可采用油浸

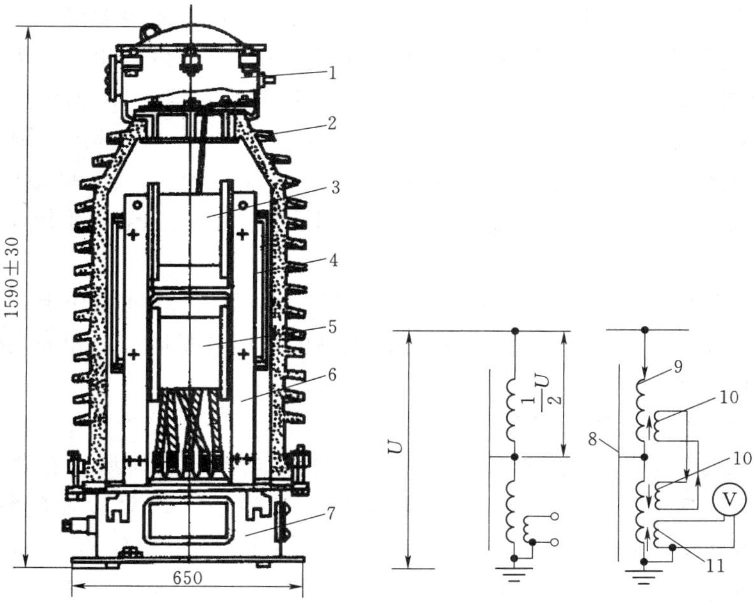

(a)　　　　　　　　(b)

图 3.21　JCC-110 串级式电压互感器（单相式）

(a) 内部结构图（尺寸单位：mm）；(b) 接线示意图

1—储油柜，2—瓷外壳，3—上柱绕组，4—铁芯，5—下柱绕组，6—支撑电木板（对地绝缘）；7—底座；8—铁芯，9——次绕组，10—平衡绕组；11—二次绕组

式；500kV 均为电容式。

2）三相式电压互感器投资省，但仅 20kV 以下才有三相式产品。三相五柱式电压互感器广泛用于 3～15kV 系统，而三相三柱式电压互感器，为避免电网单相接地时，因零序磁通的磁阻过大，致使过大的零序电流烧坏电压互感器，则电压互感器的一次侧三相中性点不允许接地，不能测量相对地电压，故很少采用。

3）用于接入精确度要求较高的计费电能表时，可采用三个单相电压互感器组或两个单相电压互感器接成不完全三角形（也称为 V-V 接线），而不宜采用三相式电压互感器。因为三相式电压互感器当二次侧负荷不对称时，特别是在单相接地时三相磁路不对称，将增大误差。

（2）一次额定电压和二次额定电压的选择。电压互感器一次绕组额定电压 U_{1N}，应根据互感器的高压侧接线方式来确定其相电压或相间电压。

电压互感器二次绕组电压通常是供额定电压为 100V 的仪表和继电器的电压绕组使用。显然，单相式电压互感器单独使用或接成 V-V 接线时，二次绕组电压为 100V，而接线方式为三相式的电压互感器，其二次绕组电压为 $100/\sqrt{3}$ V，并可获得相间电压 100V；当用于 35kV 及以下中性点不接地系统时电压互感器剩余电压绕组的电压为 $100/\sqrt{3}$ V，110kV 及以上中性点接地系统时剩余电压绕组电压为 100V。

（3）接线方式选择。电压互感器通常采用以下几种接线方式：

1）一台单相电压互感器用于 110kV 及以上中性点接地系统时，测量相对地电压；用于 35kV 及以下中性点不接地系统时，只能测量相间电压，不能测量相对地电压。

2）三相式电压互感器（应用于 3～15kV 电压等级）及三台单相三绕组电压互感器构成 Ynynd11 接线，或 Ynyd11 接线（应用于各个电压等级），其二次侧星形绕组用于测量相间电压或相对地电压，需抽取同期并列电压时 b 相接地（y 接线），否则为中性点接地（yn 接线）；而剩余绕组三相首尾串联接成开口三角形，在中性点不接地的电力系统中，供交流电网绝缘监视仪表与信号装置使用，在中性点直接接地的电力系统中，供接地保护使用。

3）两台单相电压互感器分别跨接于电网的 U_{AB} 及 U_{BC} 的线间电压上，接成不完全三角形，广泛应用在 20kV 以下中性点不接地的电网中，用来测量三个相间电压，节省一台电压互感器（仍不能测量相对地电压）。

这种不完全三角形接线，用于测量两个线电压 U_{AB} 与 U_{BC}，当电压互感器的主要二次负荷是电能表和功率表时，这种接线方式最为恰当。当接入的表计仅有电能表和功率表时，则两台电压互感器的负荷是相等的，电流 I_A 与 I_C 互差 120°，没有必要再安装第三台电压互感器。这种接线也可以获得另一个线电压 $U_{CA}=-(U_{AB}+U_{BC})$，但是在二次侧 c、a 之间接入仪表时，两个电压互感器的电流与电压间的相角差将不同，从而增加了误差，因此，应避免在 c、a 端上接入仪表。用于这种接线方式的电压互感器，一次侧额定电压应当是电网线电压，且一次绕组的两个引出端应当是全绝缘型，而二次侧电压为 100V。

（4）容量和准确级次选择。根据仪表和继电器接线要求选择电压互感器的接线方式，并尽可能将负荷均匀分布在各相上，然后计算各相负荷大小，按照所接仪表的准确级次和容量选择电压互感器的准确级和额定容量。电压互感器误差与二次负荷有关，所以同一台电压互感器对应于不同的准确级次便有不同的额定二次容量。此外，考虑到电压互感器有时可能作为电源使用，故按照在最高工作电压下的长期容许发热条件还规定了最大容量，此时，可能超过误差限值，但温升不能超过其限值。

3.3.3　电流互感器

3.3.3.1　电流互感器的特点及误差

电磁式电流互感器（以下简称电流互感器）原理接线如图 3.22 所示。电流互感器在电力系统中被广泛采用，工作原理与变压器相似，其特点主要是：

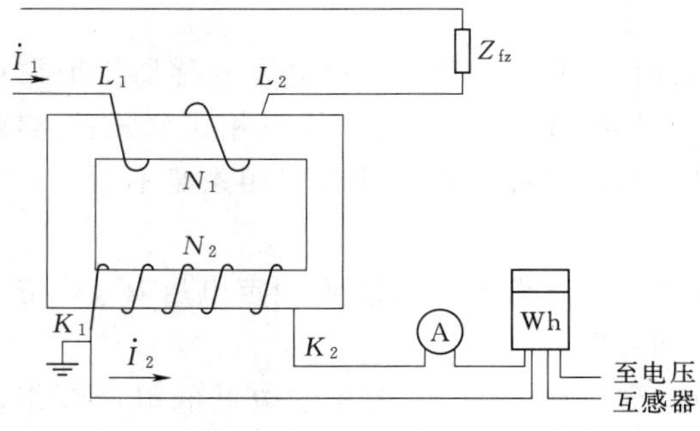

图 3.22　电磁式电流互感器原理接线图

（1）电流互感器一次绕组串联在电路中，并且匝数很少，故一次绕组中的电流完全取决于被测电路的负荷电流，而与二次电流大小无关。

（2）电流互感器二次绕组所接仪表的电流线圈阻抗很小，所以正常情况下电流互感器在近于短路状态下运行。

一次绕组串联接入电路，一次绕组通过的电流 $\dot{I}_1$，二次绕组通过的电流为 $\dot{I}_2$。电流互感器额定运行时一、二次绕组的电流比（变比）为

$$\frac{I_{1N}}{I_{2N}}=k_L \tag{3.7}$$

类似于电压互感器，电流互感器的电流误差用百分数表示

$$\Delta I\%=\frac{I_2k_L-I_1}{I_1}\times 100\% \tag{3.8}$$

电流互感器的相角差定义为将二次电流的相量旋转180°后和一次电流相量间的夹角，以“分”（′）表示。

电流互感器的误差与其结构、铁芯材料及尺寸、二次绕组匝数、二次回路负载大小及性质、一次电流大小等有关。电流互感器的准确级次就是其一次电流为额定值时的电流误差的百分值。

3.3.3.2 电流互感器的准确级次

电流互感器的准确级次和各准确级次下的误差限值见表3.3。0.5和1级准确度的电流互感器一般用于测量，3级、10级、特别是B级则用来提供监测和继电保护所需信号。表3.3中 n 为额定10%误差倍数。继电保护所用的电流互感器要求在系统短路的情况下正确反映一次电流的大小。由于继电保护准确动作所允许的最大比值差是10%，所以用10%误差倍数来表示电流互感器在短路情况下的工作能力。

表3.3 电流互感器准确级和误差限值

准确级次	一次电流为额定电流的百分数/%	误差限值		二次负荷变化范围
		电流误差/±%	相角差/(±′)	
0.2	10	0.5	20	(0.25～1) S_{2N}
	20	0.35	15	
	100～120	0.2	10	
0.5	10	1	60	
	20	0.75	45	
	100～120	0.5	30	
1	10	2	120	
	20	1.5	90	
	100～120	1	60	
3	50～120	3	不规定	(0.5～1) S_{2N}
10	50～120	10	不规定	
B	100	3	不规定	S_{2N}
	100n	10		

电流互感器种类很多，型号中的文字符号表达及含义如图3.23所示。

不同的二次负荷对电流互感器有不同的精度要求，为了节省空间和成本，往往几个铁芯（各自绕着相应的二次绕组）共享一个一次绕组，构成一台电流互感器。一般3～35kV电流互感器均有两个二次绕组；110kV电流互感器有3～4个二次绕组；而220kV

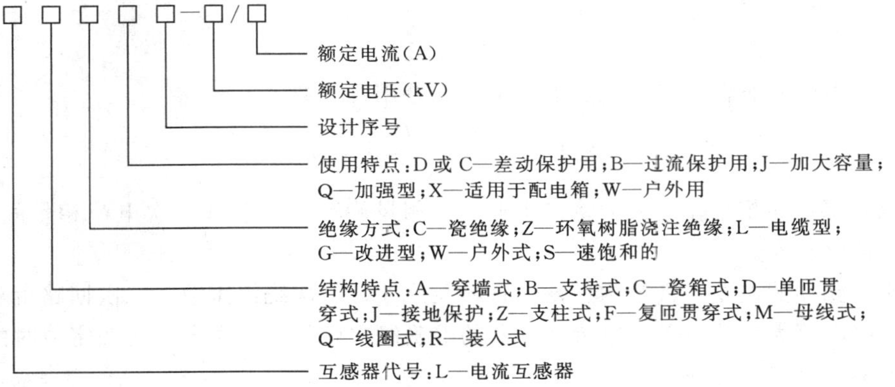

图 3.23　电流互感器的型号

则有 4～5 个二次绕组。

另外，为了适应不同一次负荷电流的要求，110kV 及以上的电流互感器常将一次绕组分成几组，通过改变一次绕组的串联、并联关系，即可很方便地获得 2～3 个额定电流比。

3.3.3.3　电流互感器的选择

(1) 种类和型式的选择。选择互感器时，应根据安装地点（如户内、户外）和安装方式（如穿墙式、支持式、装入式等）选择其型式。3～20kV 屋内配电装置的电流互感器，应采用瓷绝缘或树脂浇筑绝缘结构；35kV 及以上配电装置宜采用油浸瓷箱式绝缘结构的独立式电流互感器；有条件安装于断路器或变压器瓷套管内，且准确级次满足要求时，应采用价廉、动热稳定性好的套管式电流互感器。

当一次电流较小（在 400A 及以下）时宜优先采用一次绕组多匝式，以提高准确度；220kV 及以上电压等级或采用微机监控系统时，二次额定电流宜采用 1A。而强电系统均采用 5A。

(2) 一次回路额定电压和电流的选择。一次回路额定电压 U_N 和电流 I_{1N} 应满足

$$U_N \geqslant U_{SN}，\ I_{1N} \geqslant I_{max}$$

测量用电流互感器的一次额定电流不应低于回路正常最大负荷电流，且应尽可能比电路中的正常工作电流大 1/3 左右，以保证测量仪表在正常运行时，指示在刻度标尺的 3/4 最佳位置，并且过负荷时能有适当指示。

(3) 准确级次和额定容量的选择。为了保证测量仪表的准确度，互感器的准确级次不得低于所供测量仪表的准确级次。对测量精确度要求较高的大容量发电机和变压器、系统干线、发电企业上网电量、电网或供电企业之间的电量交换的关口计量点，宜采用 0.2 级；装于重要回路（如中小型发电机和变压器、调相机、厂用馈线、有收费电能计量的出线等）中的互感器，准确级次应采用 0.2～0.5 级；对供运行监视、100MW 及以下发电机组的厂用电、较小用电负荷以及供电企业内部考核经济指标分析的电能表和控制盘上仪表，其电流互感器应为 0.5～1 级。当所供仪表要求不同准确级次，应按相应最高级别来确定电流互感器的准确级次。

电流互感器的额定容量 S_{2N} 是指电流互感器在额定二次电流 I_{2N} 和额定二次阻抗 Z_{2N}

下运行时，二次绕组输出的容量 $S_{2N}=I_{2N}^2Z_{2N}$。由于电流互感器额定二次电流为标准值，为了便于计算，厂家常提供电流互感器的 Z_{2N} 值。因电流互感器的误差和二次负荷有关，故同一台电流互感器使用在不同准确级次时，会有不同的额定容量。

(4) 热稳定和动稳定校验。只对本身带有一次回路导体的电流互感器进行热稳定校验；动稳定校验包括同一相的电流相互作用产生的内部电动力校验，以及不同相的电流相互作用产生的外部电动力校验，多匝式一次绕组主要经受内部电动力，单匝式一次绕组不存在内部电动力，则电动力稳定性为外部电动力决定。

此外，选用母线型电流互感器时，应注意校核窗口尺寸。

3.3.4 新型高压互感器

随着输电电压的提高，传统的互感器的结构日益复杂，其成本也相应增高，并在测量直流分量或高频分量时误差加大，从而推动了新型互感器的研制。

新型互感器大致可分为两类：①电子式互感器；②光电式互感器。

电子式互感器的传感原理与传统互感器相同，即应用变压器原理、分压器原理，有的也用霍尔效应。与传统互感器的区别只是它的传感部分不传送功率只传送信号，再由电子放大器放大后送到负荷，它依靠光导纤维传递光信号，并作为互感器高低压侧之间的绝缘。

光电式电流互感器的原理是：利用材料的磁光效应或电光效应，将电流的变化转换成激光或光波，经过光通道传送到低压测，再转变成电信号经放大后供仪表和继电器使用。光电式电压互感器是利用材料的泡克尔斯效应，材料在电场作用下，出现双折射作用，两种折射率之差与电场强度成正比，通过 1/4 波长板和检光板变成强光信号输出。这种电流互感器具有抗电磁干扰、不饱和，测量范围大，体积小，便于数字传输等优点，已经在新型开关柜或 GIS 中投入运行。

目前，继电保护、测量和计量装置已普遍采用微机，其消耗功率小，一般不超过 1～2V·A，但要求很高的抗干扰能力和便于数字变换与传输，因而大大促进了这类互感器的发展。

3.4 高压熔断器

高压熔断器一般用在电压低于 35kV 的小容量电网中，它由其内放有熔件的熔断器管、导电触头（轴或杆）、绝缘支持件等组成。在正常工作情况下通过熔件的电流不应使熔件熔断。当系统中出现过载或短路时，熔件将因过热而自行熔断，切断电路。因此，熔断器是一种保护电器。

3.4.1 熔断器的特性及熔件材料

表征熔断器特性的参数除额定电压、额定电流和开断能力外，还有熔件的热特性，具体如下：

(1) 熔件的时间-电流特性，或称熔断器安秒特性。时间一电流特性是表征熔体融化时间与通过电流关系的曲线，其形状如图 3.24 所示。按时间-电流特性进行熔件的选择就

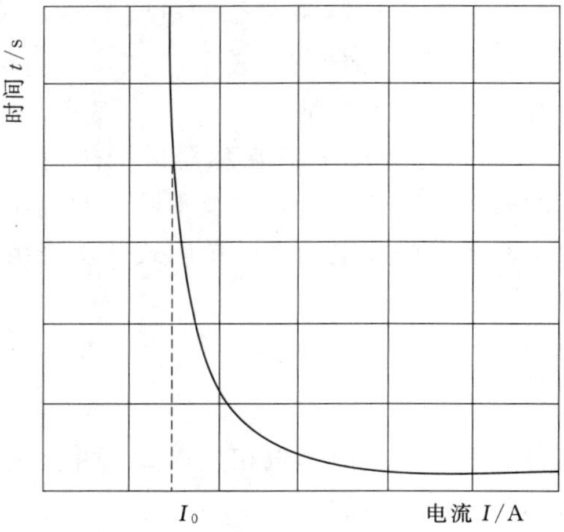

图 3.24　熔断器熔件的时间-电流特性

可以获得熔断器动作的选择性。

(2) 熔件的最小熔化电流。最小熔化电流（图 3.24 中的 I_0）是使熔件熔化必须的最小电流。熔件通过最小熔化电流的熔化时间接近于无穷大。最小熔化电流与额定电流的比值称为熔断系数，其值要大于 1，一般取 1.2～2.5。

熔断器主要由金属熔件（熔体）、支持熔件的触头、灭弧装置和绝缘底座等四部分构成。其中，决定其工作特性的主要是熔体和灭弧装置。常用的熔体材料有铅-锡合金、铅、锌、铜和银等。在 500V 以下低压熔断器中，熔件由铅、锌等低熔点金属制成。在高压熔断器中，则由铜、银等金属制成熔丝，表面还焊上一些小锡（铅）球，电流大时会先从这些点熔断。

3.4.2　熔断器的分类

按熔断器的安装地点可分为户内式和户外式。

按使用电压的高低分为高压熔断器和低压熔断器。

按灭弧方法及主要由其所决定的结构特点的不同分为瓷插式、封闭产气式、封闭填料式和产气纵吹式等。

按限流特性分为限流式和非限流式。

若故障电路中的熔断器在开断过程中通过的最大短路电流值比无熔断器时有明显的减小，则为限流熔断器。反之如果熔断器在开断过程中对通过的电流值无明显的影响，则为非限流式。

高压熔断器的型号含义如图 3.25 所示。

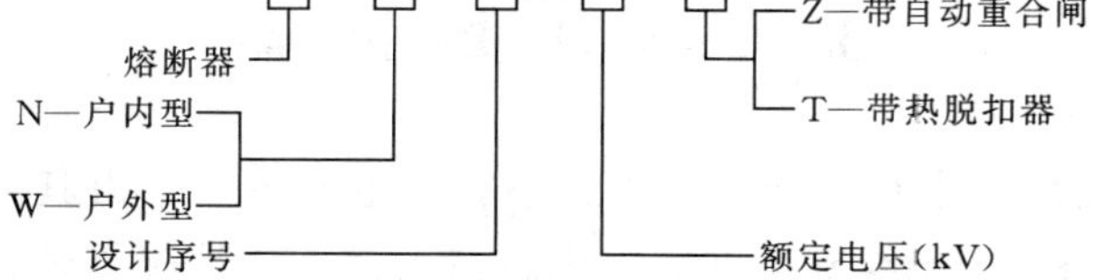

图 3.25　熔断器的型号

3.4.3　典型熔断器

3.4.3.1　跌落式熔断器

图 3.26 为跌落式熔断器的结构。熔断器的熔件为铜丝，熔断器的两端设有触头，熔丝的一头固定在下触头 4 上，另一头穿过熔断管拉紧在触头的活动关节（可以绕轴 5 转动的压板 6）上。熔件熔断后，活动关节被释放，熔断管靠本身重力绕着轴 9 跌落将线路开断，并形成明显可见的隔离间隙。

由于跌落式熔断器在灭弧时会喷出大量电离气体并发出很大的响声，所以一般只用在户外。这种熔断器的结构简单，熔断时不会出现截流，故过电压较低，但开断容量较小。

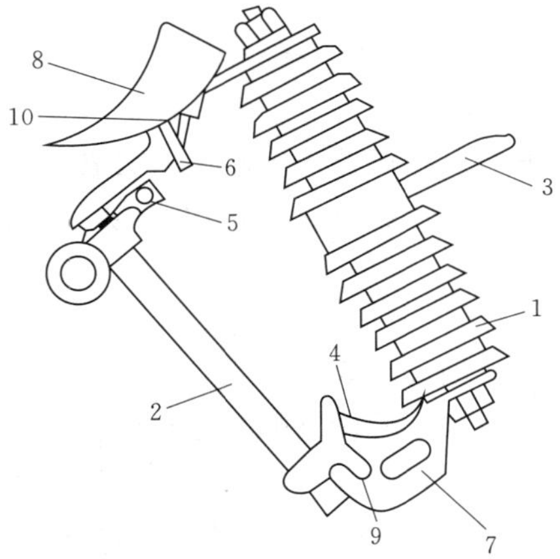

图 3.26 跌落式熔断器

1—绝缘支座；2—熔断管；3—安装固定板；4—下触头；5、9—轴；6—压板；7—金属支座；8—鸭嘴罩；10—弹簧钢片

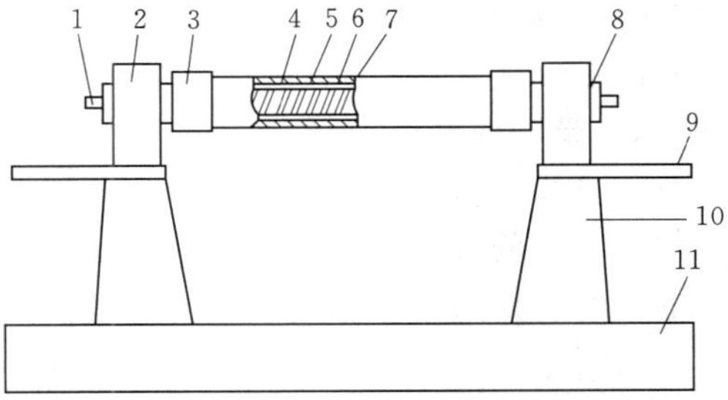

图 3.27 高压大容量限流熔断器结构图

1—撞击器；2—底座触头；3—熔断件；4—绝缘子；5—石英砂；6—支持架；7—熔丝；8—熔断件触头；9—接线端子；10—绝缘子；11—熔断器底座

3.4.3.2 限流式熔断器

限流熔断器由底座、底座触头、熔断件三部分组成，如图 3.27 所示。熔断件由瓷管或耐热的玻璃纤维管、导电端帽、芯柱、熔丝和石英砂构成。通常限流熔断器一端装有撞击器或指示器。

高压限流熔断器广泛应用于高压电动机的保护、变压器的保护和电容器的保护。

3.4.3.3 全范围保护熔断器

此种熔断器是克服了跌落式熔断器开断能力小及限流式熔断器过载保护能力差等缺陷的全范围保护熔断器，如图 3.28 所示。

这种熔断器采用串联复合式结构，上部仍为限流式熔断器，主要完成大电流的开断；下部是结构稍特殊的熔断器，主要完成小电流开断。上、下熔体分别用高熔点及低熔点金属制造。电弧熄灭后，灭弧管将连同尾线一起弹出，明显地指示开断状态。和跌落式熔断器一样，下部熔断器中的熔体是可以更换的。

高压熔断器种类多，使用广泛，一般要根据额定电压、额定电流、型式种类、开断电流、保护的选择性等进行合理选择。

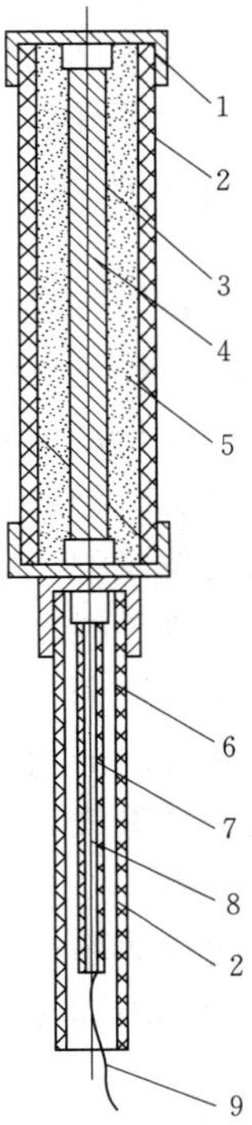

图 3.28 全范围保护熔断器

1—端帽；2—环氧玻璃布管；3—熔件；4—支架；5—石英砂；6—溶体 B；7—拉力弹簧；8—灭弧管；9—尾线

3.5　母线、电缆和绝缘子

3.5.1　母线

3.5.1.1　母线的作用

在发电厂和变电所的各级电压配电装置中，将发电机、变压器等大型电气设备与各种电器之间连接的导线称为母线。母线的作用是汇集、分配和传送电能，是构成电气主接线的主要设备。

3.5.1.2　母线的分类和特点

(1) 母线按材料分为铜母线、铝母线、铝合金母线、钢母线等。

铜电阻率低、机械强度高、防腐性能好、便于接触联接，是优良的导电材料。但是比较贵重，有选择地用于重要的、有大电流接触联接的或含有腐蚀性气体场所的母线装置。

铝的密度仅 2.7g/cm^3，只有铜的 30%，导电率约为铜的 62%。在长度和电阻相同的情况下，铝母线只有铜母线质量的一半；铝母线由于截面较大引起散热面积增大，同长度传送相同电流的铝母线材料用量大约只有铜母线的 44%；铝的价格比较低廉。故以铝代铜有很大的经济意义。

当然，铝的机械强度和耐腐蚀性能较低，接触联接性能差，铝焊接技术较复杂，有关铝载流导体的技术问题虽都已解决，但在实际应用中仍需给予重视。

钢母线价格低廉、机械强度好、焊接方便，但电阻率是铜的 7 倍，且趋肤效应严重，若常载工作电流则损耗太大。常用于电压互感器、避雷器同路引接以及接地网的连接线等。

(2) 母线按本身结构分为硬母线和软母线。

硬母线用支柱绝缘子固定，多数只作横向约束，而沿纵向则可以伸缩，主要承受弯曲和剪切应力。硬母线的相间距离小，一般用于屋内配电装置。

软母线由悬式绝缘子在两端拉紧固定，只承受拉力而不受弯曲，一般采用钢芯铝绞线。软母线的拉紧程度由弛度控制。弛度过小则拉线构架和母线受力太大。由于适当弛度的存在可能发生导线的横向摆动，故软母线的线间距离较大，常用于屋外配电装置。

(3) 母线按截面形状分为圆形、管形、矩形、槽形等。

圆形截面母线的曲率半径均匀，无电场集中表现，不易产生电晕，但散热面积小。若圆形截面用于硬母线，则母线抗弯能力较差，故不宜采用。通常是作为软母线的钢芯铝绞线采用圆形截面。

管形母线的曲率半径大，材料导电利用率、散热能力、抗弯强度和刚度都较圆形截面好，常用于 220kV 及以上屋外配电装置作长跨距硬母线。也用于特种母线如水内冷母线、封闭母线等。

矩形母线散热面积大，趋肤效应小，材料利用率高，承受立弯时的抗弯强度好。但周围电场不均匀，易产生电晕，故只用于 35kV 及以下硬母线。矩形母线的宽度与厚度之比为 5～12。太宽或太薄虽对载流和散热有利，但易变形，并使抗弯强度和刚度降低。矩形母线的最大截面为 125mm×10mm。对大载流量可采用数片并装，但散热效果和趋肤效应变差，材料利用率降低，超过 2～3 片时宜采用槽形截面母线。

3.5.1.3 母线的布置

母线的布置包括母线的排列、矩形或槽形母线的放置与装配、矩形或槽形母线的弯曲方向。矩形或槽形母线的布置方式能够影响其散热和机械强度。

母线三相导体有水平排列（平排）、竖直排列（竖排）和三角形排列三种。三角形排列仅用于某些封闭式成套配电装置或其他特殊情况，屋内外硬母线广泛采用水平排列和竖直排列，屋外软母线则只采用水平排列。

图 3.29 为矩形母线的常用布置方式。其中图 3.29（a）为三相水平排列、母线竖放，该种布置方式散热条件较好，母线载流量较大，但机械强度较低；而图 3.29（b）为三相水平排列、母线平放，效果与前者相反；图 3.29（c）的布置方式兼顾了图 3.29（a）和图 3.29（b）布置方式的优点，为三相竖直排列、母线竖放，然而该种布置方式使得母线布置高度增加，巡视与检查母线不太方便。

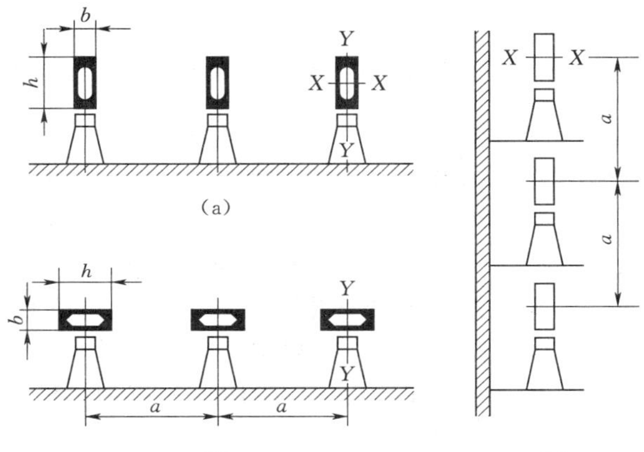

图 3.29 矩形母线的布置方式

（a）三相水平布置，母线竖放；（b）三相水平布置，母线平放；（c）三相垂直布置，母线竖放

槽形母线由两个半槽组成，两者之间留有缝隙。显然，使缝隙在铅垂方向有利于散热。图 3.30 为槽形母线的布置方式。

母线采用何种布置方式，应根据母线工作电流大小，短路电流电动力的大小，以及配电装置的具体情况而定。

3.5.1.4 母线的选择

母线的参数有额定电压、额定载流量、截面面积、相间距离、硬母线跨距、软母线的档距和弛度等。

母线的选择内容主要包括：

（1）确定母线的材料、截面形状、布置方式。

（2）选择母线的截面积。

（3）校验母线的动稳定和热稳定，其中，软母线不用校验动稳定。

（4）对重要和大电流的母线，校验其共振频率。

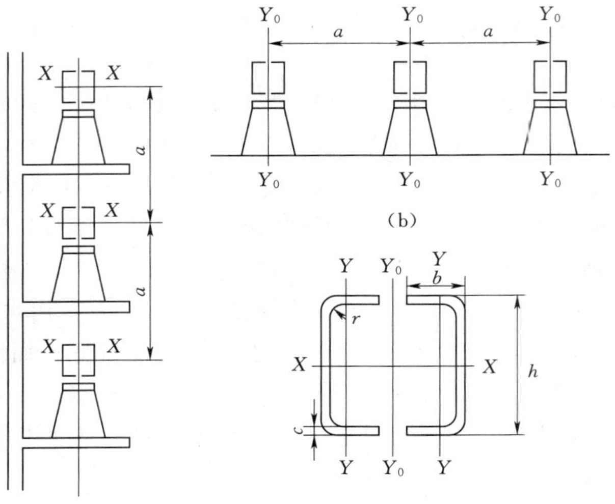

图 3.30　槽形母线的布置方式

(a) 三相垂直布置，缝隙在铅垂面；(b) 三相水平布置，缝隙在铅垂面；(c) 断面尺寸

(5) 对于 110kV 及以上的母线，还应校验能否发生电晕。

对于封闭母线的选择有其特定要求。用外壳加以封闭保护的带电母线，称为封闭母线。发电厂的封闭母线分为共箱式和分相全连式两种，每一种又分为定型产品和非定型产品。选用定型封闭母线时，制造厂一般提供有关封闭母线的额定电压、额定电流和动、热稳定等参数，此时的母线选择可按电器选择中所述的方法进行选择和校验。若根据发电机、主变压器和配电装置连接等具体情况，需要选用非定型封闭母线时，应向制造厂提供有关资料，供制造厂进行布置和连接部分设计。这时应进行母线导体和外壳发热、应力及绝缘子抗弯等项计算，并进行共振校验。

3.5.1.5　母线的安装

(1) 基础工程。母线的基础工程包括绝缘子和保护网的基础预埋与安装。作为高压母线基础的墙壁和天花板等均为钢筋混凝土结构，故基础预埋工作应与土建浇筑工程同步进行，叫做预埋配合。通常预埋配合有两种方法：一是预留孔洞法；二是预埋焊接铁件法。

软母线的基础工程即为母线构架的安装，与屋外配电装置的进出线构架及设备支架的安装一并进行。

(2) 母线的联接。母线结构简单，经正确设计选择具有合适结构数据的母线，可靠性很高。但运行经验证明，母线本身事故大多数发生在接头处，说明母线的联接是薄弱环节，应给予足够的重视。联接问题主要是安装技术问题，但也与设计及运行维护密切相关，其基本要求是：有足够的、不低于原母线的机械强度；有长期稳定的、不高于同长度母线的接头电阻值。

按联接的性质和方法，可分为硬母线的焊接、螺栓联接和可伸缩联接，以及软母线的手工绞接、压接与线夹联接。

(3) 母线在绝缘子上的固结。母线在运行过程中温差较大，为了避免出现温度应力使绝缘子遭受破坏，由伸缩接头分段的每段母线（20～30m）只允许与一组绝缘子紧固，在其余绝缘子上的固结应是松动的。

3.5.1.6 母线的定相与着色

不同电源间的并接必须相序一致。母线作为各回路的汇集点应鲜明地标出三个相序。作为惯例，U、V、W 三相分别着黄、绿、红三色，并以 V 相居中。作为引接回路的母线，若两端电源相序相反，则必须将母线倒相，即任两相倒换位置。

母线着色的另一重要作用为增加其辐射散热。试验结果表明，按规定涂制相色漆的母线可增加载流量 12%～15%。此外，涂漆具有防腐蚀作用。但在焊缝处、螺栓联接处、设备引线端等不宜着相色漆，因不利于监察接头情况。

软母线的各股绞线常有相对扭动，故不宜着相色漆。但常在母线构架上、设备裸带电体或出线套管顶帽上涂刷相色漆，以示相序。

3.5.2 电力电缆

3.5.2.1 电力电缆的特性

与裸导线或架空线路相比，电力电缆布置紧凑，可以直接埋在地下及敷设在电缆沟、电缆隧道中，也可以敷设在水中或海底，而且具有防潮、防腐、防损伤、运行可靠、不占地面、不妨碍观瞻等优点，所以应用广泛。

不足之处在于散热差、载流量小、有色金属利用率低、投资多、敷设麻烦、维修困难、难于发现和排除故障。

因此，在发电厂中主要用于不宜敷设裸母线的场所，如一般用于厂用电的连接，特殊情况下才用来连接发电机和变压器。

3.5.2.2 电缆的一般结构

电力电缆主要由载流导体（芯线）、绝缘层、保护层三部分组成。如图 3.31 所示为 ZQ20 型三芯油浸纸绝缘电缆结构图。

（1）载流导体。主要有铝芯线和铜芯线两种，一般 $10mm^2$ 截面上由多股线绞合而成，使得电缆具有较好的可挠性。芯线的截面形状有扇形和圆形两种。采用扇形的目的是减小电缆外径，同时也减少绝缘层和保护层的材料。

（2）绝缘层。各芯线有芯线绝缘层，相间隔着两芯线绝缘层，故芯线对地还需增设统包绝缘层。因中性点不接地系统在发生单相接地时，非故障相对地电压升为相间电压，可见统包绝缘层厚度大体与芯线绝缘层相当。

绝缘层的材料有油浸纸绝缘、橡皮绝缘、聚氯乙烯绝缘、聚乙烯绝缘和交联聚乙烯绝缘等多种。同一电缆的芯线绝缘层和统包绝缘层使用相同的绝缘材料。

（3）密封护套（内护层）。它的作用是保护绝缘层。护套包在统包绝缘层外面，将绝缘层和芯线全部密封，使其不漏油、不吸气、不进水、不受潮，并且使电缆具有一定的机械强度。护套的材料通常有铅、铝或塑料等。

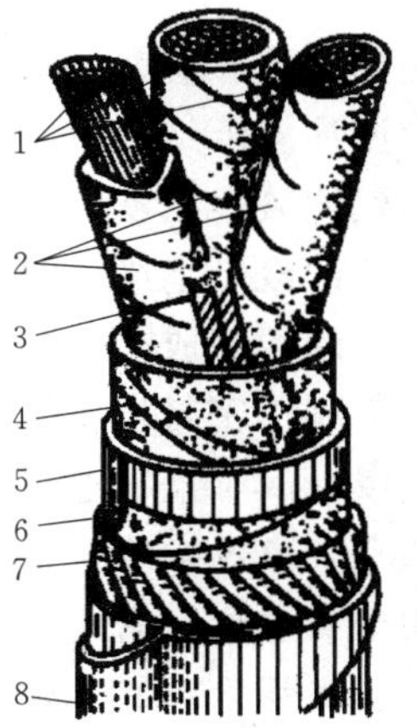

图 3.31 ZQ20 型三芯油浸纸绝缘电缆结构图

1—载流导体；2—电缆纸（相绝缘）；3—黄麻填料；4—油浸纸（统包绝缘）；5—铅套；6—纸带；7—黄麻护层；8—钢铠

具有密封护套是电缆区别于绝缘导线的标志。

(4) 保护层。为了保护密封护套不受外界因素如外力、外电流、腐蚀环境等的损伤，并使电缆具有必要的机械强度，在密封护套外面还需设置保护层。保护层的主体是钢带铠装（钢铠），它由钢带或钢丝缠绕而成。钢铠内侧有内衬和纸带，其作用是保护保护密封护套不受钢铠的机械损伤，并且在电缆弯曲时使护套和钢铠之间易于相对滑动，一般用浸以沥青的黄麻或电缆纸包绕而成。钢铠内外还浸有沥青防腐层，保证钢铠不受空气的氧化。

(5) 外被层。对于直接埋入地下的电缆，钢铠外还包绕防水外被层。它由两层浸渍沥青的电缆麻反向叠绕而成，有的则用塑料做成外被层。前者在空气中防火性能较差，后者在阳光中易老化。保护层和外被层可合称为外护层。

3.5.2.3　电缆的分类及性能

常用的电力电缆按其绝缘和保护层的不同可分为五类：油浸纸绝缘电缆、聚氯乙烯绝缘电缆、交联聚乙烯绝缘电缆、橡皮绝缘电缆以及高压充油电缆等。

电缆的型号及含义如下：

[1] [2] [3] [4] [5] [6] — [7]

其中，[1]表示导体绝缘类型：Z 表示纸，V 表示聚氯乙烯，y 表示聚乙烯，YJ 表示交联聚乙烯（XLPE），X 表示橡皮；[2]表示电缆芯类型：L 表示铝，铜芯不表示；[3]表示内护层类型：Q 表示铅套，L 表示铝套，V 表示聚氯乙烯套；[4]表示特征：D 表示不滴流，F 表示分相，CY 表示充油；[5]表示铠装层类型，用数字表示：0 表示无，2 表示钢带，3 表示细钢丝，4 表示粗钢丝；[6]表示外被层，用数字表示：0 表示无（裸），1 表示纤维烧包（麻被），2 表示聚氯乙烯（PVC）套，3 表示聚乙烯（PE）套；[7]表示额定电压（kV）。

例如，ZQ20 表示铜芯黏性油浸纸绝缘铅套裸钢带铠装电力电缆，ZLQFD23 表示铝芯不滴流油浸纸绝缘分相铅套钢带铠装聚乙烯护套电力电缆，VV32 表示铜芯聚氯乙烯绝缘细钢丝铠装聚氯乙烯护套电力电缆。

(1) 油浸纸绝缘电缆。适用于 35kV 及以下的输配电线路。其主绝缘是用经过处理的纸浸透电缆油制成，它具有良好的绝缘性能和耐热性能，承受电压高，使用寿命长。缺点是电缆头制作密封技术复杂，对高差有严格限制。当敷设在大高差场地时，可采用相近类型的油浸纸滴干绝缘电缆或不滴流浸渍剂纸绝缘电缆。

(2) 聚氯乙烯绝缘电缆。简称塑力电缆，适用于 6kV 及以下的输配电线路。其主绝缘采用聚氯乙烯，密封护套大多也采用聚氯乙烯，具有电气性能好、耐水、耐酸碱盐、防腐蚀、机械强度较好、敷设不受高差限制等优点，并可逐步取代常规的纸绝缘电缆；缺点主要是绝缘易老化。

(3) 交联聚乙烯绝缘电缆。简称交联电缆，适用于 1～110kV 的输配电线路。交联聚乙烯是利用化学或物理方法，使聚乙烯分子由直链状线型分子结构变为三度空间网状结构。该型电缆具有结构简单、外径小、质量小、耐热性能好、芯线允许工作温度高、载流量大、可制成较高电压级、机械性能好、敷设不受高差限制等优点。并可逐步取代常规的纸绝缘电缆。交联聚乙烯绝缘电缆比油浸纸绝缘电缆结构简单，例如 YJV22 型电缆结构，由内至外依次为铜芯、交联聚乙烯绝缘层、聚氯乙烯内护层、钢带铠装层及聚氯乙烯外被层。

（4）橡皮绝缘电缆。适用于 6kV 及以下的输配电线路。其主绝缘是橡皮，性质柔软、弯曲方便；缺点是耐压强度不高、遇油变质、绝缘易老化、易受机械损伤等。

（5）高压单芯充油电缆。主要用于 110～330kV 变、配电装置至高压架空线及城市输电系统之间的连接线。其结构如图 3.32 所示。充油电缆在结构上的主要特点是铅套内部有油道。油道由缆芯导线或扁铜线绕制成的螺旋管构成。在单芯电缆中，油道就直接放在线芯的中央；在三芯电缆中，油道则放在芯与芯之间的填充物处。

图 3.32 单芯充油电缆结构图
1—油道；2—载流导体

充油电缆的纸绝缘是用黏度很低的变压器油浸渍的，油道中也充满这种油。在连接盒和终端盒处装有压力油箱，以保证油道始终充满油，并保持恒定油压。当电缆温度下降，油的体积收缩时，油道中的油不足时，由压力油箱补充；反之，当电缆温度上升。油的体积膨胀时，油道中多余的油流回压力油箱。

3.5.2.4 电缆的敷设方式

电力电缆的敷设要紧密结合电站枢纽布置方式和厂房结构进行布置。电缆敷设方式通常有隧道或廊道中敷设、电缆沟中敷设、直埋、排管中敷设以及吊架上敷设五种，如图 3.33 所示。

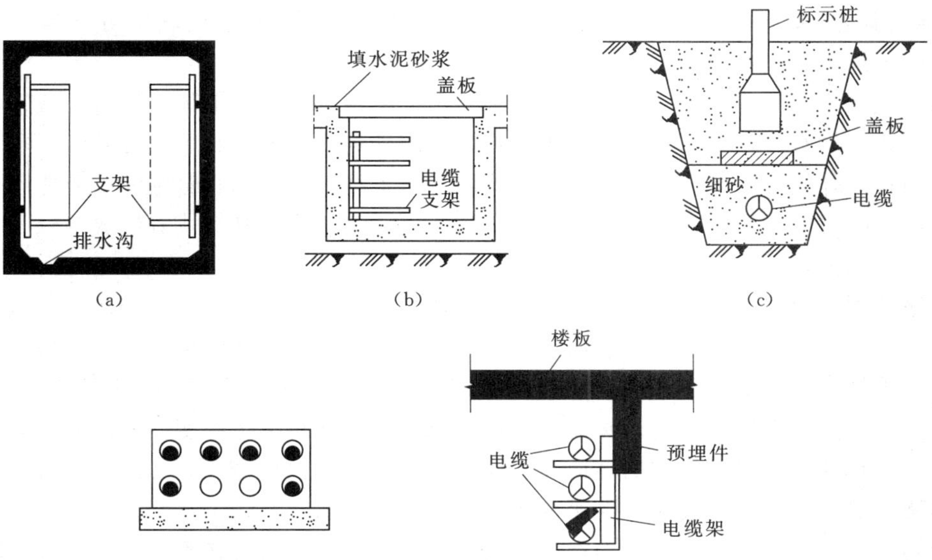

图 3.33 电缆敷设方式
（a）电缆隧道中敷设；（b）户内电缆沟中敷设；（c）直埋；（d）电缆排管中敷设；（e）吊梁上敷设

敷设电缆时，为避免损伤它的绝缘层和外护层，转弯处的曲率半径应足够大。对于纸绝缘铅包电缆应大于电缆外径 15～20 倍，对于铝包电缆则应大于其外径的 25～30 倍。

为了防止水分经过电缆中间接头或电缆末端浸入电缆，两段电力电缆的连接处必须采用电缆中间接头盒，电缆的末端要采用终端接头。

3.5.2.5　电缆的选择

电力电缆的选择内容主要包括：

（1）电缆额定电压的选择。

（2）电缆芯线材料及型号的选择。

（3）电缆截面和根数的选择。

（4）校验电缆的热稳定性。

（5）校验电缆正常运行时的电压损失。

电缆的动稳定性不必校验。

3.5.3　绝缘子

3.5.3.1　绝缘子的作用

绝缘子的作用是支持和固定载流导体，并使载流导体与地绝缘，或使不同电位的载流导体之间绝缘。运行中的绝缘子不仅承受着工作电压和各种过电压，而且还承受着载流导体的重量、覆冰重量以及风力的作用；一旦发生故障绝缘子还要承受巨大的短路电流电动力。

此外，绝缘子一般暴露在大气中工作，还承受大气和环境污染的影响。

因此，绝缘子应该具有足够的绝缘强度、机械强度、耐热性以及防潮性。

3.5.3.2　绝缘子的分类及特点

绝缘子按额定电压可分为高压绝缘子和低压绝缘子；按安装地点可分为户内式和户外式；按结构型式和用途可分为支柱式、套管式及盘形悬式；按使用场所可分为电器绝缘子、线路绝缘子和电站绝缘子。

电站绝缘子主要用来固定母线，电器绝缘子主要用来固定带电体。两者一般采用支柱式和套管式，均有户内式和户外式两类。户内式支柱绝缘子分内胶装、外胶装、联合胶装三个系列；户外式支柱绝缘子分棒式和针式两种。支柱绝缘子和套管绝缘子应能承受短路电流所产生的可能最大电动力，并具有一定裕度。线路绝缘子其型式有针式绝缘子、瓷横担绝缘子和悬式绝缘子三种。

绝缘子主要由绝缘体和金属附件两部分构成。绝缘体通常用电工陶瓷制成，电工陶瓷则采用黏土、石英和长石配合烧制而成，具有结构紧密均匀、绝缘性能稳定、机械强度高和不吸水等优点，可以适用于各种电压等级的绝缘子中。玻璃也是制作绝缘体的常用材料，其电击穿强度比陶瓷还高。然而，玻璃的机械性能和耐冷热激变性能较差，必须进行特殊的钢化热处理。经过钢化的玻璃在表面形成永久性的预加应力，可以改善机械性能和耐冷热激变的性能。钢化玻璃主要用来制作高压线路的悬式绝缘子。

金属附件的作用是将绝缘子固定在支架上和将载流导体固定在绝缘子上。金属附件装在绝缘体的两端，两者通常用水泥胶合剂胶合在一起。绝缘瓷件的外表面涂有一层棕色或白色的硬质瓷釉，以提高其绝缘、机械和防水性能；金属附件皆作镀锌处理，以防其锈蚀；胶合剂的外露表面涂有防潮剂，以防止水分浸入。

习题与思考题

3.1　断路器的型号含义是什么？隔离开关型号含义是什么？在电力系统中，各自承担什么作用？

3.2　断路器的基本组成？灭弧室起什么作用？

3.3　真空断路器和 SF_6 断路器有什么特点？

3.4　SF_6 断路器中的 SF_6 气体对灭弧过程有何作用？

3.5　SF_6 断路器有哪些结构型式？

3.6　断路器操动机构有哪些类型？比较其优缺点。

3.7　断路器操动机构的基本要求有哪些？电磁型操动机构是如何实现机械防跳和自由脱扣的？

3.8　断路器选择时包括哪些主要内容？

3.9　试述隔离开关的用途及类型。

3.10　电压互感器和电流互感器的作用是什么？准确级次的含义又是什么？

3.11　熔断器的主要作用是什么？由哪些部件构成？

3.12　熔断器的保护特性曲线有何特点？

3.13　各种材料、截面形式的母线有何特点？母线安装时要注意哪些问题？

3.14　母线着色有何作用？有何规定？

3.15　电力电缆按绝缘和保护层的不同分为哪几类？电缆的敷设方式有哪些？

3.16　绝缘子应具有哪些共同要求？

第 4 章　电气主接线、厂用电接线及设计

4.1　电气主接线概述

将电气一次设备（如发电机、变压器、断路器、隔离开关、电抗器、互感器、避雷器、母线、高压电缆等）按预期的顺序有机地连接起来，构成电能生产、汇集和分配的电气主回路，这个电气主回路被称为电气一次系统，又称为电气主接线。电气主接线代表了发电厂或变电站高电压、大电流的电气部分主体结构，是电力系统网络结构的重要组成部分。

用规定的设备图形和文字符号按电气主接线绘制成的电路图称为电气主接线图。主接线图中还需标注出各主要设备的型号、规格和数量。由于三相系统是对称的，所以主接线图常用单线来代表三相，简称单线图。然而，在个别不对称处，例如互感器，由于三相不尽相同，需绘出三相。

发电厂或变电所的电气主接线可有多种形式。电气主接线设计是发电厂或变电所电气部分设计中的最重要问题，对各种电气设备的选择、配电装置的布置、继电保护和控制方式的拟定等均具有决定性的影响，并将长期地影响电力系统运行的可靠性、灵活性和经济性。

主接线的设计必须经过技术与经济的充分论证比较，综合考虑各方面的影响因素，最终得到实际工程确认的最佳方案。电气运行人员必须熟悉本电站的电气主接线图，了解图中各电气设备的用途、性能、运行操作步骤、维护和检查项目等，以确保安全运行。

4.2　电气主接线的基本形式

电气主接线的基本形式就是主要电气设备的几种常用连接方式，分为有汇流母线和无汇流母线两大类，具体又可分为多种形式，见表 4.1。

表 4.1　　电气主接线的基本形式

<table>
<tr><td rowspan="9">有汇流母线接线</td><td rowspan="3">单母线接线</td><td>简单单母线</td></tr>
<tr><td>单母线分段</td></tr>
<tr><td>单母线带旁路母线</td></tr>
<tr><td rowspan="3">双母线接线</td><td>简单双母线</td></tr>
<tr><td>双母线分段</td></tr>
<tr><td>双母线带旁路母线</td></tr>
<tr><td colspan="2">3/2 台断路器接线</td></tr>
<tr><td colspan="2">4/3 台断路器接线</td></tr>
<tr><td colspan="2">变压器-母线组接线</td></tr>
<tr><td rowspan="3">无汇流母线接线</td><td colspan="2">单元及扩大单元接线</td></tr>
<tr><td colspan="2">桥形接线</td></tr>
<tr><td colspan="2">多角形接线</td></tr>
</table>

电气主接线的主体是电源（进线）回路和线路（出线）回路。有汇流母线的电气主接线通过母线将进线和出线回路连接起来，母线是中间环节，起汇集和分配电能的作用。这类接线简单清晰，运行、检修灵活，进出线回路数目可任意，有利于安装和扩建。然而，使用的电气设备增多，配电装置占地面积较大，投资增加，当母线故障或检修时停电影响范围较大，这类接线主要适于进出线回路较多并且有扩建的发电厂和变电所。而无汇流母线的接线适于进出线回路较少并且发电厂和变电所无扩建的情况。

4.2.1 单母线接线

只有一组工作母线的接线称为单母线接线，所有进、出线回路均连接到这组母线上。

4.2.1.1 简单单母线接线

这种主接线是最简单的有汇流母线的主接线形式，如图 4.1 所示。其供电电源在发电厂是发电机或变压器，在变电站是变压器或高压进线回路。母线既可保证电源并列工作，又能使任一条出线都可以从任一个电源获得电能。各出线回路输送功率不一定相等，应尽可能使负荷均衡地分配于母线上，以减少功率在母线上的传输。

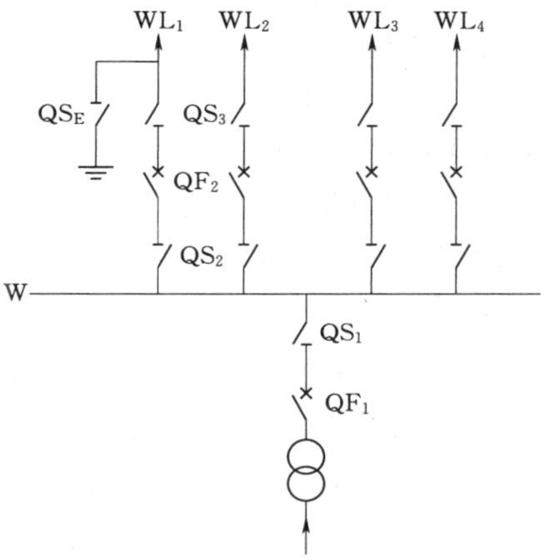

图 4.1 简单单母线接线

QF—断路器；QS—隔离开关；

QS_E—接地开关；W—母线；WL—出线

（1）断路器与隔离开关的配置。每条回路中都装有断路器和隔离开关，紧靠母线侧的隔离开关称为母线隔离开关（QS_1、QS_2）；靠近线路测的称为线路隔离开关（QS_3）；另外，靠近变压器或发电机的可称为变压器或发电机侧隔离开关。由于断路器具有开合电路的专用灭弧装置，可以开断或闭合负荷电流和开断短路电流，故用来作为接通或切断电路的控制电器，隔离开关没有灭弧装置，其开合电流能力极低，只能用作设备停运后退出工作时断开电路，保证与带电部分隔离，起着隔离电压的作用。所以，在断路器可能出现电源的一侧或两侧均应配置隔离开关，以便检修断路器时隔离电源。

当馈线的用户侧没有电源，且线路较短时，可不设线路隔离开关，但如果线路较长，为防止雷电产生的过电压或用户侧加接临时电源，危及设备或检修人员的安全时，也可装设隔离开关；当电源是发电机时，发电机与其出口断路器之间可不设隔离开关，因为断路器的检修必然是在停机状态下进行；双绕组变压器与其两侧的断路器之间不必设置隔离开关，理由类似。

图 4.1 中 QS_E 为接地开关或接地刀闸。它的作用是在检修时取代临时的安全接地线。当电压在 110kV 及以上时，断路器两侧的隔离开关或出线侧隔离开关均可配置接地开关。每段母线上亦应装设 1～2 组接地开关。接地开关只能在隔离开关断开后才能合上，当隔离开关合上的时候，接地开关必须断开，他们之间互相有机械闭锁。

（2）断路器与隔离开关的操作顺序。在运行操作时，必须严格遵守下列操作顺序：在接通电路时，应先合断路器两侧的隔离开关，如对馈线 WL_1 送电时，须先合上母线隔离

开关 QS_2，再合线路隔离开关 QS_3，然后再投入断路器 QF_2；切断电路时，应先断开断路器 QF_2，再依次断开 QS_3 和 QS_2。

上述操作顺序遵守了两条基本原则：一是防止了隔离开关带负荷合闸或拉闸；二是防止了在断路器处于合闸状态下（或虽然在分闸位置，但因绝缘介质性能破坏而导通），误操作隔离开关的事故不发生在母线隔离开关上，以避免误操作的电弧引起母线短路事故；也避免误操作事故不发生在母线隔离开关上，从而减少事故发生范围及维修时间。

（3）优缺点。

1）优点。接线简单清晰，设备少，投资小，运行操作方便，有利于扩建和采用成套配电装置；隔离开关仅用作检修时隔断电源，不用于操作电器，不易发生误操作。

2）缺点。可靠性、灵活性较差。断路器检修时，该回路需停电；母线或母线隔离开关故障或检修时，全部回路停电。

（4）适用范围。简单单母线接线一般只适用 6～220kV 系统中只有一台发电机或一台主变压器的以下三种情况，并且不能作为唯一电源承担Ⅰ类用户负荷。

1）6～10kV 配电装置的出线不超过 5 回时。

2）35～60kV 配电装置的出线不超过 3 回时。

3）110～220kV 配电装置的出线不超过 2 回时。

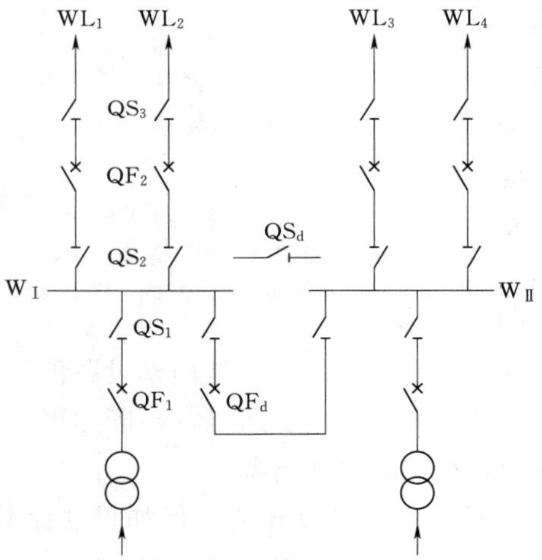

图 4.2　单母线分段接线

QF—断路器；QS—隔离开关；W—母线；WL—出线；QS_d—分段隔离开关；QF_d—分段断路器

4.2.1.2　单母线分段接线

单母线分段接线如图 4.2 所示。即采用分段断路器 QF_d（或用分段隔离开关 QS_d）将单母线分为 2 段或多段。

（1）优点。

1）单母线分段接线比简单单母线接线供电可靠，并且灵活性高。

2）分段的母线可并列运行，此时分段断路器 QF_d 接通；也可分段运行，此时分段断路器 QF_d 断开。

3）当分段母线并列运行且用分段断路器 QF_d 分段时，当任一段母线或母线隔离开关故障或检修时，自动或手动跳开分段断路器 QF_d，只停该段，其他段可以继续供电，减小了停电范围。如果分段的母线分段运行时，即 QF_d 断开，当某段电源回路故障而使其断路器断开时，备用电源自动投入装置使 QF_d 自动接通，可保证全部继续供电。

4）当分段母线并列运行且用分段隔离开关 QS_d 分段时，当某段母线故障或检修时，全部短时停电，拉开 QS_d 后，该段停电，其他段可恢复供电。

5）重要负荷可用双回路接于不同母线段，保证不间断供电。

（2）缺点。增加了分段设备的投资和占地面积；某分段母线故障或检修仍需停电；某回路的断路器检修，该回路停电；扩建时需向两端均衡扩建。

(3) 适用范围。该接线形式在中、小型发电厂和变电所中仍被广泛应用，在进行分段的时候尽量保证每段上有一个或一个以上的电源。具体的适用范围为：

1) 6～10kV 配电装置，总出线回路数为 6 回及以上，每一分段上所接容量不宜超过 25MW。

2) 35～60kV 配电装置，总出线回路数为 4～8 回时。

3) 110～220kV 配电装置，总出线回路数为 3～4 回时。

4.2.1.3　单母线带旁路母线接线

(1) 旁路母线和旁路断路器的作用。为了保证在进出线回路的断路器检修时，不中断该回路的供电，可增设旁路母线和旁路断路器。但需特别指出的是旁路母线不能代替工作母线工作。

(2) 有专用旁路断路器的单母线（或单母线分段）带旁路母线接线。如图 4.3 所示，为有专用旁路断路器的单母线（或单母线分段）带旁路母线接线。

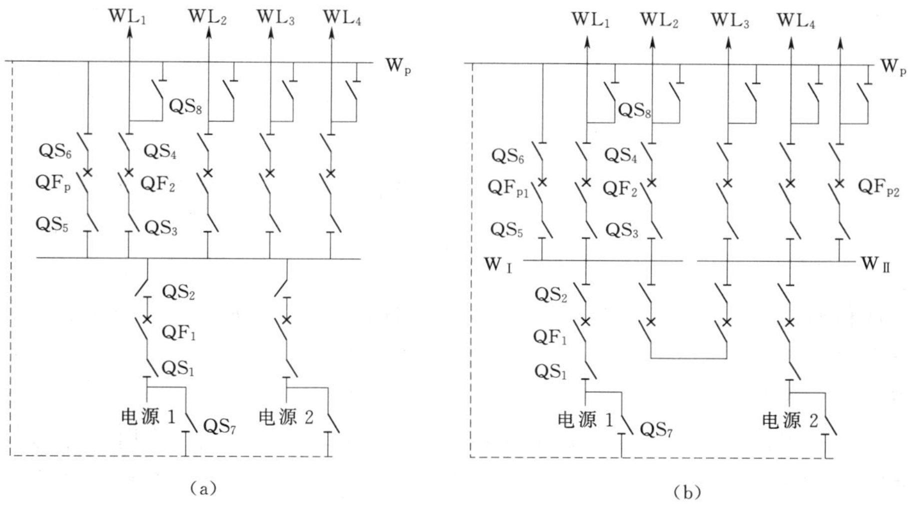

图 4.3　有专用旁路断路器的单母线（或单母线分段）带旁路母线接线

(a) 单母线不分段带旁路母线接线；(b) 单母线分段带旁路母线接线

$W_Ⅰ$、$W_Ⅱ$—工作母线；W_p—旁路母线；QF—断路器；QF_p—旁路断路器；QS—隔离开关；WL—出线

正常运行时，专用旁路断路器 QF_p 及其两侧的隔离开关 QS_5、QS_6 断开，每一回出线与旁路母线相连的旁路隔离开关（如 QS_8）也全部断开，旁路母线处于无电状态。

如欲检修某一回出线 WL_1 的断路器 QF_2，应按以下步骤操作：

1) 合上旁路断路器两侧的隔离开关 QS_5、QS_6。

2) 合上旁路断路器 QF_p，对旁路母线充电检查（如旁路母线存在短路则旁路断路器会自动跳开）。

3) 如旁路母线充电正常，合上该出线的旁路隔离开关 QS_8（此时该出线与旁路母线是等电位的，可以用隔离开关操作）。

4) 断开欲检修的出线断路器 QF_2。

5) 断开两侧的隔离开关 QS_4、QS_3。

这样该台断路器已停电且被安全的与电源隔离，可以进行检修。在上述操作过程中，该出线一直正常运行，没有停电。在该出线断路器检修期间，由旁路断路器代替被检修的出线断路器工作（两者规格相同，并应注意替代前先将旁路断路器保护整定值调整到与该线路断路器的保护整定值相同）。

（3）分段断路器兼旁路断路器的接线。如图 4.4 所示，不设专用的旁路断路器，而由分段断路器 QF_d 兼任。

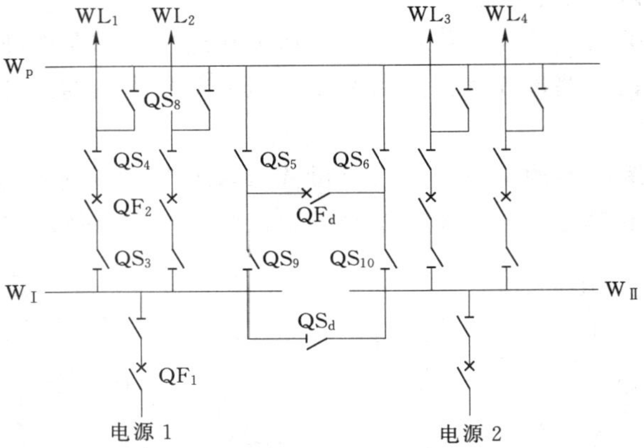

图 4.4　分段断路器兼旁路断路器的单母线分段带旁路母线接线

$W_{Ⅰ}$、$W_{Ⅱ}$—工作母线；W_p—旁路母线；QF—断路器；QS—隔离开关；QS_d—分段隔离开关；WL—出线

正常运行时，QS_5、QS_6 以及所有出线的旁路隔离开关（如 QS_8）都断开，旁路处于无电状态。分段断路器 QF_d 及两侧隔离开关 QS_9、QS_{10} 合上（分段隔离开关 QS_d 断开），运行于单母线分段状态。

当欲检修某出线断路器时，分段断路器 QF_d 要退出分段功能，临时担任旁路断路器工作。此时可从 $W_{Ⅰ}$ 段母线受电经由 $QS_9-QF_d-QS_6$ 给旁路母线充电检查（此时 QS_5 和 QS_{10} 要断开），也可从 $W_{Ⅱ}$ 段母线受电经由 $QS_{10}-QF_d-QS_5$ 给旁路母线充电检查（此时 QS_6 和 QS_9 要断开）。$W_{Ⅰ}$、$W_{Ⅱ}$ 两段母线仍然可以并列（合上分段隔离开关 QS_d）运行于单母线状态。操作过程及具体步骤略。

（4）旁路母线和旁路断路器的设置原则。设置旁路母线和旁路断路器增加了主接线上的电气设备，投资和占地面积增加，接线较复杂，只有在进出线断路器检修而该回路不允许停电的情况下，才应考虑设置旁路母线。

1）6～10kV 屋内配电装置，一般情况下不设置旁路母线。因为其容量不大，供电距离短，易于从其他电源点获得备用电源，还可以采用易于更换的手车式断路器。只有架空出线很多且用户不允许停电检修断路器时才考虑采用单母线分段加旁路母线的接线。

2）35kV 配电装置，一般不设旁路母线，因为重要用户多为双回路供电，允许停电检修断路器。如果线路断路器不允许停电检修，在采用单母线分段接线时可考虑增设旁路母线，但多用分段断路器兼作旁路断路器。

3）110～220kV 配电装置，如果采用单母线分段，一般应设置旁路母线且以专用旁路断路器为宜。

4）凡采用许多年内都不需检修 SF_6 断路器者，可不装设旁路母线。

4.2.2 双母线接线

有两组工作母线的接线称为双母线接线，两母线之间通过母线联络断路器（简称母联断路器）连接，每个回路都经过一组断路器和两组母线隔离开关分别和两组母线连接。其中一组隔离开关闭合，另一组隔离开关断开。当两组母线并列运行时，电源回路和线路回路应平均分配在两组母线上。

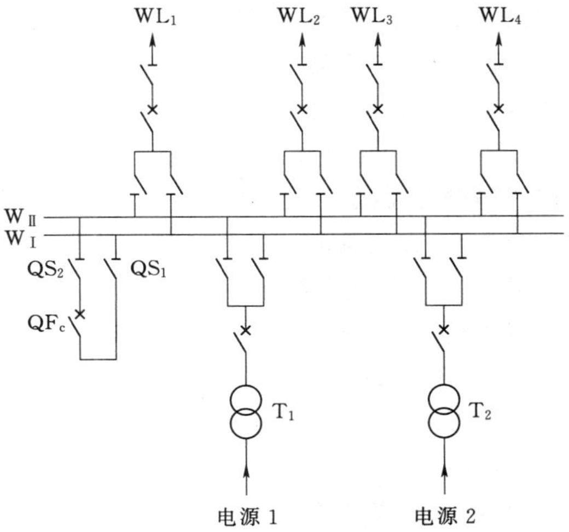

图 4.5 简单双母线接线

$W_Ⅰ$、$W_Ⅱ$—工作母线；QF_c—母线联络断路器

4.2.2.1 简单双母线接线

简单双母线接线如图 4.5 所示。

（1）母线运行方式。两组母线有三种运行方式。

第一种运行方式是一组母线工作，另一组母线备用。所有电源和出线回路都连接到工作母线上，即工作母线隔离开关闭合，备用母线隔离开关断开。母联断路器 QF_c 断开，此时相当于单母线运行，工作母线故障或检修时，能短时停电或不停电将电源回路和出线回路转移到备用母线上。

第二种运行方式是将两组母线并列工作，电源回路和出线回路均分在两组母线上，母联断路器 QF_c 闭合。这种运行方式相当于单母线分段运行。若一组母线故障，担任分段的母联断路器跳开，接于另一组母线回路不受影响。同时，接于故障母线的回路经过短时停电后也能迅速转移到完好母线上恢复供电。

第三种运行方式为两组母线同时工作，但母联断路器 QF_c 断开的分裂运行方式。

（2）母线检修时的操作过程。检修任一组母线都不必停止对用户供电。如欲检修工作母线，可经“倒闸操作”将全部电源和线路在不停电的前提下转移到备用母线上继续供电。这种“倒闸操作”的过程如下：

1）合母联断路器两侧的隔离开关 QS_1、QS_2。

2）合母联断路器 QF_c 给备用母线充电。

3）当两组母线处于等电位状态时，先合上与备用母线相关联的隔离开关，再断开与工作母线相连的隔离开关；直到所有回路均已倒换到备用母线上。

4）断开母联断路器 QF_c，以及其两侧的隔离开关。

5）此时工作母线已与带电部分隔离，验明无电后，随即用接地闸刀接地，即可进行检修。

正常运行时，两组母线可共同工作，一组母线需要检修的操作过程可参考上述过程，具体步骤不再赘述。

（3）优点。

1）供电可靠。当一组母线检修时，可通过倒闸操作将进线回路和出线回路倒换到另一组母线上，不会导致供电中断。此时与两组母线相连的隔离开关操作顺序是“先合后断”。即先合上不需要检修母线的隔离开关，再断开需要检修母线上的隔离开关。当一组母线故障时，需先短时停电，再将所有连于该母线上的线路和电源倒换到正常母线上，迅速恢复供电。此时是在故障母线的进、出线没有负荷的情况下倒闸操作，所以与两组母线相连的隔离开关操作顺序是“先断后合”，否则故障会转移到正常母线上。

2）运行方式灵活。母线可有多种运行方式，并且进线回路和出线回路可任意分配到某一组母线上，能灵活地适应系统中的各种运行方式。当个别回路需要单独进行试验时，可将该回路分开，单独接至一组母线上。

3）扩建方便。可向双母线任意一端进行扩建，均不影响两组母线的电源回路和线路回路的分配，并不会导致原回路停电。

（4）缺点。

1）母线隔离开关较多，投资增加，配电装置复杂。

2）在母线检修或故障时，隔离开关作为倒闸操作电器，操控复杂，容易发生误操作。为了防止误操作，需在隔离开关和断路器之间装设联锁装置。

3）当某一组母线隔离开关检修时，与其相连的回路和母线均需停运。

4）当一组母线故障时会短时停电，母联断路器故障（短路）或一组母线检修而另一组母线故障（或出线故障而其断路器拒动），会导致全部停电，影响范围较大。

（5）适用范围。当母线上的电源、线路回路数较多、输送和穿越功率较大、母线或母线设备检修时不允许停电、母线故障后要求迅速恢复供电、系统运行调度对接线的灵活性有一定要求时一般采用双母线接线。

1）6～10kV 配电装置，当短路电流较大、出线需带电抗器时。

2）35～63kV 配电装置，当出线回路数超过 8 回或连接的电源较多、负荷较大时。

3）110～220kV 配电装置，当出线回路数为 5 回及以上或该配电装置在系统中居重要地位、出线回路数为 4 回及以上时。

4.2.2.2　双母线分段接线

双母线分段接线如图 4.6 所示。

（1）特点。用断路器将其中一组母线或两组母线进行分段的接线为双母线分段接线。当电源数较多时，还可将一组母线或两组母线分为多段。图 4.6 中，将双母线接线的工作母线分为两段（亦称为双母线三分段），可看做是单母线分段和双母线相结合的一种形式，它增加了一台分段断路器和一台母联断路器。

若双母线分段接线分段断路器与电抗器 L 相串联，并通过隔离开关连接到 W_{I}、W_{II}、W_{III} 三段母线的任意两段之间（也可采用图 4.6 中虚线的接法），该类接法是为了限制短路电流，往往只是在 6～10kV 发电机电压汇流母线中采用。

双母线分段接线具有单母线分段接线和双母线接线两者的特点，任何一段母线故障或检修时仍可保持双母线并列运行，有较高的可靠性和灵活性。

（2）适用范围。

1）广泛应用于中、小型发电厂的 6～10kV 发电机电压母线。

2）220kV 配电装置，进出线回路总数为 10～14 回时，可在一组母线上分段（双母

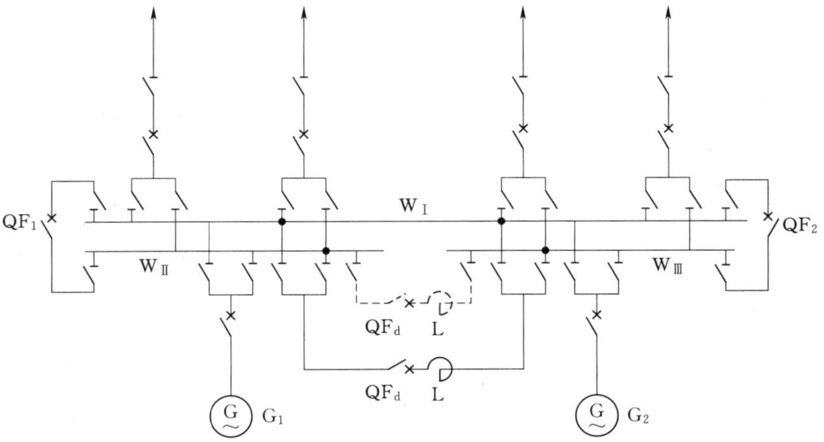

图 4.6　双母线分段接线

$W_Ⅰ$、$W_Ⅱ$、$W_Ⅲ$—工作母线；QF_1、QF_2—母联断路器；QF_d—分段断路器；
L—分段电抗器（仅用于 6～10kV 母线）

线 3 分段），进、出线回路总数为 15 回及以上时，两组母线均可分段（双母线 4 分段）；对可靠性要求很高的 330～550kV 超高压配电装置，当进出线总数超过 6 回，也可采用双母线 3 分段或双母线 4 分段。

4.2.2.3　双母线带旁路母线接线

（1）常用接线形式。

1）有专用旁路断路器的双母线带旁路母线接线。如图 4.7（a）所示，既有母线联络断路器 QF_1，又有专用旁路断路器 QF_2，2 回电源进线也参与旁路接线。这种接线运行方便灵活，然而投资较大。

2）母联断路器兼作旁路断路器接线。如图 4.7（b）所示，正常运行时 QF_1 起母联断路器的作用，旁路母线隔离开关 QS_3 断开。当需使用旁路母线不停电检修某台出线断路器时，先断开断路器 QF_1 及隔离开关 QS_3，再合上 QS_3，最后合上断路器 QF_1 给旁路母线充电。此时断路器 QF_1 不再起母联断路器作用，而是临时承担旁路断路器的任务。这种接线节省了一台断路器，但操作相对复杂，增加了误操作的可能性。并且只能由母线 $W_Ⅰ$ 带旁路母线，不够灵活方便。图中还用虚线画出一组隔离开关 QS_4 接到母线 $W_Ⅱ$，增加这组隔离开关后则两组母线均可带旁路母线。

3）旁路断路器兼作母联断路器接线。如图 4.7（c）所示，接线中增加了一组隔离开关 QS，QF_2 虽可作为母联断路器使用，但以作为旁路断路器使用为主。

（2）适用范围。

1）110～220kV 配电装置，当出线送电距离较长，输送功率较大，停电影响较大，且常用的少油断路器年均检修时间长达 5～7 天，因此较多设置旁路母线。如采用检修周期可以长达 20 年的 SF_6 断路器，可不设旁路母线。

2）当 110kV 出线为 7 回及以上，220kV 出线为 5 回及以上时，可采用专用旁路断路器的双母线带旁路母线接线；当配电装置在系统中居重要地位，110kV 6 回及以上，220kV 4 回及以上，也可装专用旁路断路器，同时变电所主变压器的 110～220kV 侧断路

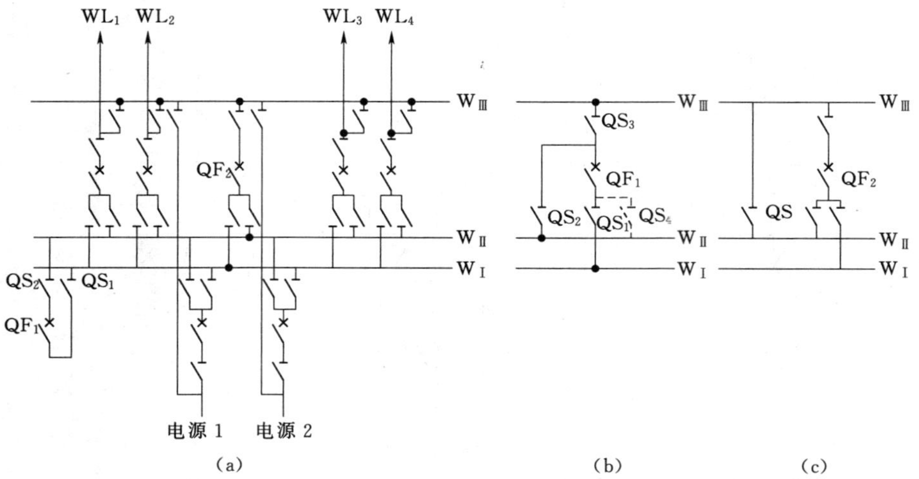

图 4.7　双母线带旁路母线接线
(a) 有专用旁路断路器；(b) 母联兼旁路；(c) 旁路兼母联

器也应接入旁路母线。而对于发电厂，因进线（发电机-变压器组）断路器可配合发电机检修时进行检修，因此常不接入旁路母线。因为不仅要改调保护定值还要切换差动电流互感器，如有不慎，将造成电流互感器（CT）开路甚至使保护误动，这是发电厂与变电所在接线形式运用时的区别之处。

3）当 110kV 配电装置为屋内型（或屋外型但出线数较少）时，为减少投资可不设旁路母线，而用简易的旁路隔离开关代替旁路母线。检修出线断路器时则将一组母线当做旁路母线，用母联断路器当做旁路断路器，再通过该旁路隔离开关供电。这类似于临时“跨条”，可以做到不停电即可检修出线断路器。

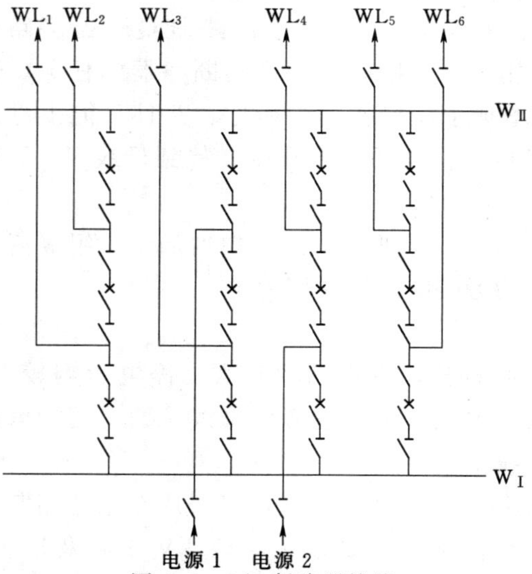

图 4.8　3/2 断路器接线

4.2.3　3/2 台断路器接线

3/2 台断路器双母线接线简称 3/2 断路器接线，如图 4.8 所示。每两回进、出线占用 3 台断路器构成一串，接在两组母线之间，因而成为 3/2 断路器接线，也称为一台半断路器接线。

4.2.3.1　特点

（1）可靠性高。任何一个元件（一回出线、一台主变等）故障均不影响其他元件的运行，母线故障时与其相连的断路器都会跳开，但各回路供电均不受影响。当每一串中均有一电源一负荷时，即使两组母线同时故障都影响不大（每串中的电源和负荷功率相近时）。

（2）调度灵活。正常运行时两组母线和

全部断路器都投入工作，形成多环状供电，调度方便灵活。

(3) 操作方便。只需要操作断路器，而不必用隔离开关进行倒闸操作，使误操作事故大为减少。隔离开关仅供检修时用。

(4) 检修方便。检修任一台断路器只需断开该断路器自身，然后拉开两侧的隔离开关即可检修。检修母线时也不需切换回路，都不影响各回路的供电。

(5) 占用断路器较多，投资较大，同时使继电保护也比较复杂。

(6) 接线至少配成三串（进出线回路共 6 回）才能形成多环供电。配串时应使同一用户的双回线路布置在不同的串中，电源进线也应分布在不同的串中。在发电厂只有二串和变电所只有二台主变的情况下，有时可采用交叉布置（如图 4.8 中所示电源 1 靠近母线 W_{II}，而电源 2 靠近母线 W_{I}）。但交叉布置使配电装置复杂。

4.2.3.2 适用范围

3/2 台断路器接线是现代大型电厂和变电所超高压（330kV、500kV 及以上电压）配电装置的常用接线形式，当 220kV 配电装置进出线在 12 回及以上时也可采用。

4.2.4 4/3 台断路器接线

4/3 台断路器接线如图 4.9 所示。其特点与 3/2 台断路器接线类似，比 3/2 台断路器接线设备少，但继电保护及二次接线复杂，布置也比较复杂。

与 3/2 台断路器接线的适用范围类似。

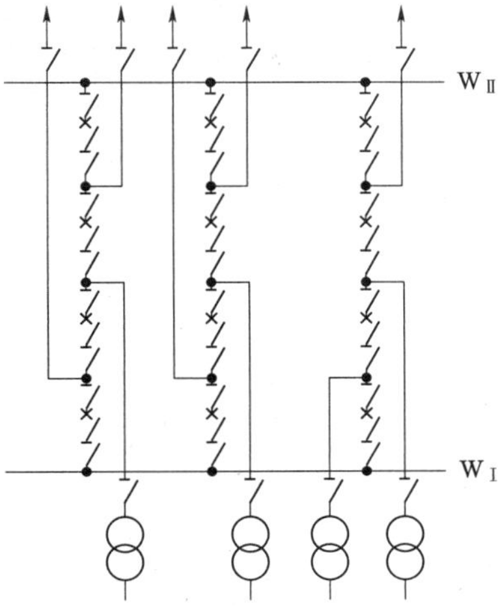

图 4.9 4/3 断路器接线

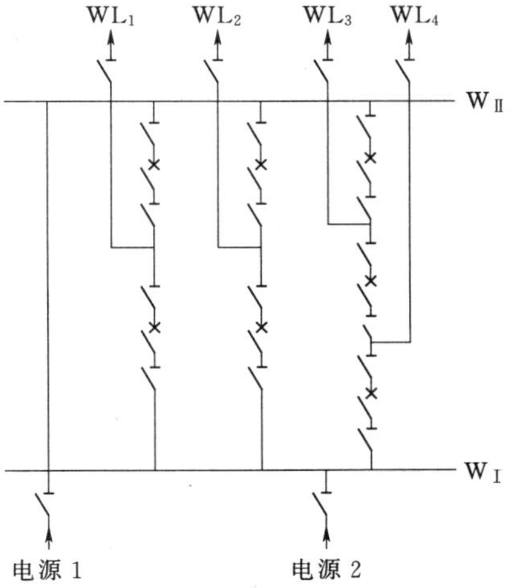

图 4.10 变压器-母线组接线

4.2.5 变压器-母线组接线

变压器-母线组接线如图 4.10 所示。

4.2.5.1 特点

出线回路采用双断路器接线或 3/2 台断路器接线，主变压器直接经隔离开关分别接到母线上。正常运行时，两组母线和所有断路器均投入。变压器故障时，相当于与变压器相连接的母线故障，此时连接于母线上的断路器跳开，但不影响其他回路供电。任一断路器检修时回路均不停电。一组母线故障或检修时，只减少输送功率，不会停电。这种接线调度灵活，可靠性高。

4.2.5.2　适用范围

变压器-母线组接线适用于超高压长距离大容量输电线路，对系统稳定性和线路可靠性要求高的配电装置。要求主变压器的质量可靠、故障率低。当进出线为 5 回及以下时，线路采用双断路器接线方式，当出线数为 6 回及以上时，部分线路可采用 3/2 台断路器接线形式。

4.2.6　单元及扩大单元接线

4.2.6.1　特点

单元接线就是将发电机与变压器或者发电机-变压器-线路都直接串联起来，中间没有横向联络母线的接线。这种接线大大减少了电器的数量，简化了配电装置的结构，降低了工程投资。同时也减少了故障的可能性，降低了短路电流值。当某一元件故障或检修时，该单元全停。

4.2.6.2　几种常用接线形式

（1）发电机-双绕组变压器单元接线，如图 4.11（a）所示。一般 200MW 及以上大机组都采用这种形式接线，发电机出口不装断路器，因为制造这样大的断路器很困难，价格十分昂贵。为避免大型发电机出口短路这种严重故障，常采用安全可靠的分相式全封闭母线来连接发电机和变压器，甚至连隔离开关也不装（但设有可拆连接点以方便试验）。

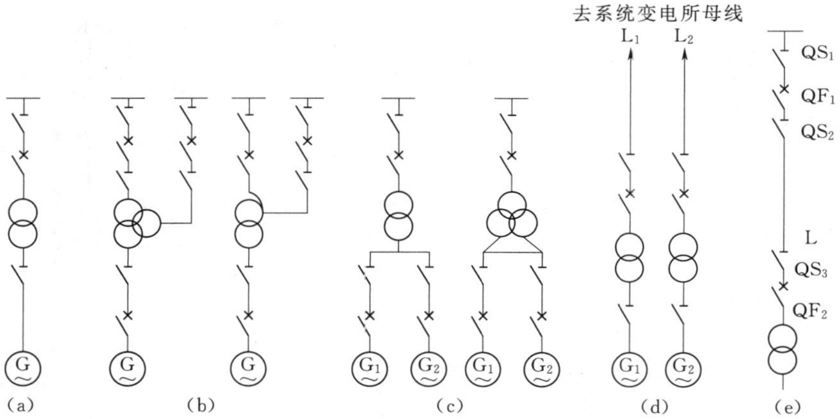

图 4.11　单元及扩大单元接线

（a）发电机-双绕组变压器单元接线；（b）发电机-三绕组（或自耦）变压器单元接线；（c）扩大单元接线；（d）发电机-变压器-线路单元接线；（e）变压器-线路单元接线（用于降压变电所）

（2）发电机-三绕组变压器单元接线，如图 4.11（b）所示。一般中等容量的发电机需升高两级电压向系统送电时，多采用发电机-三绕组变压器（或三绕组自耦变压器）单元接线。这时三侧都要装断路器和隔离开关，以便某一侧停运时另外两侧仍可继续运行。

（3）扩大单元接线，如图 4.11（c）所示。为减少主变压器的台数（还有相应的断路器数量和占地面积等），可将两台发电机与一台大型主变压器相连，构成扩大单元接线。也有的电厂将两台 200MW 发电机经一台低压侧分裂绕组变压器升高至 500kV 向系统供电。

（4）发电机-变压器-线路单元接线，如图 4.11（d）所示。这种接线使发电厂内不必设置复杂的高压配电装置，使其占地大为减少，也简化了电厂的运行管理。它适于无发电机电压负荷且发电厂离系统变电所距离较近的情况。

（5）变压器-线路单元接线，如图 4.11（e）所示。对于小容量的终端变电所或农村变电所，可以采用这种接线形式。有时图中变压器高压侧的断路器 QF_2 也可省去，当变压器故障时，由线路始端的断路器 QF_1 跳闸。若线路始端继电保护灵敏度不足时，可采取在变压器高压侧设置接地开关等专门措施。

4.2.6.3　适用范围

机组台数较少；单机容量在 50MW 及以上的水电机组和 125MW 及以上的火电机组；电厂接在电压母线上的发电机已满足近区负荷需要以外的其他机组。

4.2.7　桥形接线

当只有两台变压器和两条线路时，常采用桥形接线。桥形接线分为内桥和外桥两种形式，如图 4.12 所示。

4.2.7.1　内桥接线

内桥接线如图 4.12（a）所示。相当两个“变压器-线路”单元接线增加一个“桥”连接。“桥”上布置一台桥断路器 QF_3 及其两侧的隔离开关。这种接线形式 4 条回路只用 3 台断路器，是最简单经济地接线形式。

所谓“内桥”是因为“桥”设在靠近变压器一侧，另外两台断路器则接在出线线路上，当输电线路较长，故障机会较多，而变压器又不需经常切换时，采用内桥接线比较方便灵活。正常运行时桥断路器 QF_3 应处于闭合状态。当需检修桥断路器 QF_3 时，为不使系统开环运行，可增设“外跨条”（图中虚线所示），在检修期间靠跨条维持两台主变并列运行。跨条上串接两组隔离开关，是为了在检修跨条隔离开关时不必为了安全而全部停电。

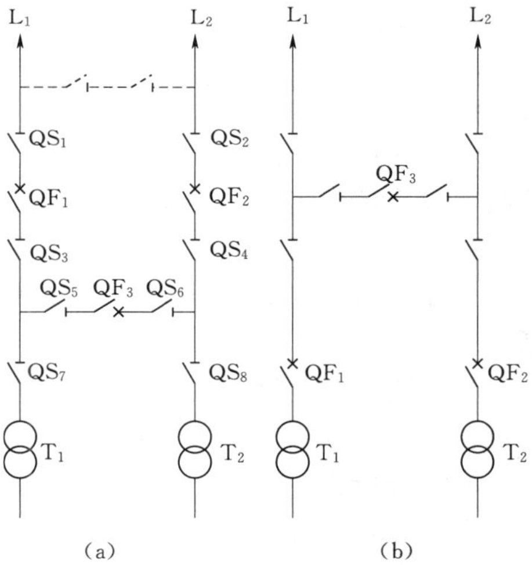

图 4.12　桥形接线

（a）内桥；（b）外桥

4.2.7.2　外桥接线

外桥接线如图 4.12（b）所示。“桥”布置在靠近线路一侧。如果线路较短，且变压器又因经济运行的要求在负荷小时需使一台主变退出运行，则采用外桥接线比较方便。此外，当系统在本站高压侧有“穿越功率”时，也应采用外桥接线。

4.2.7.3　优缺点

桥形接线的优点是高压电器少，布置简单，造价低，经适当布置可较容易地过渡成单母线分段或双母线接线。

缺点是可靠性不是太高，切换操作比较麻烦。

4.2.7.4　适用范围

桥形接线多用于容量较小的发电厂或变电所中，或作为发电厂、变电所建设初期的一种过渡性接线。

4.2.8　多角形接线

4.2.8.1　特点

多角形接线是将几台断路器连接成环状，在每两台断路器的连接点处引出一回进线或出线，并在每个连接点的三侧各设一台隔离开关，如三角形接线、四角形接线、五角形接线等，如图 4.13 所示。

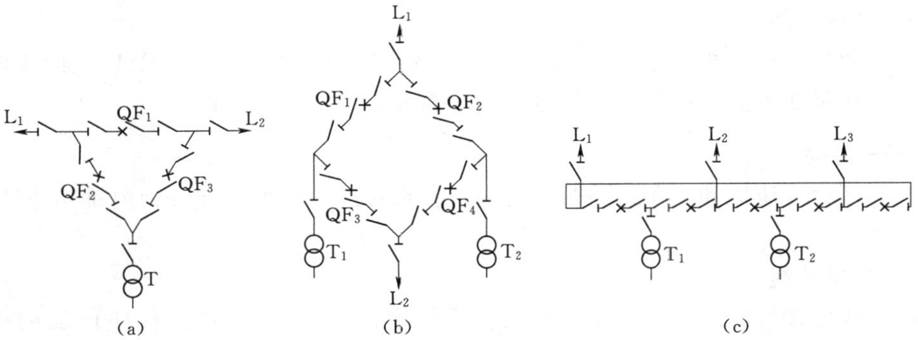

图 4.13　多角形接线

(a) 三角形接线；(b) 四角形接线；(c) 五角形接线

4.2.8.2　优点

(1) 使用断路器的数目少，所用的断路器数等于进出线回路数，比单母线分段和双母线接线都少用一台断路器，经济性较好。

(2) 每一回路都可经由两台断路器从两个方向获得供电通路。任一台断路器检修时都不会中断供电。如将电源回路和负荷回路交错布置，将会提高供电可靠性和运行的灵活性。

(3) 隔离开关只用于检修，不作为操作电器，误操作可能性小，也有利于自动化控制。

4.2.8.3　缺点

(1) 开环运行与闭环运行时工作电流相差很大，且每一回路连接两台断路器，每一断路器又连着两个回路，使继电保护整定和控制都比较复杂。

(2) 在开环运行时，若某一线路或断路器故障，将造成供电紊乱，使相邻的完好元件不能发挥作用而被迫停运，降低了可靠性。

(3) 多角形接线建成后扩建比较困难。

4.2.8.4　适用范围

多角形接线适用于最终进出线回路为 3～5 回的 110kV 及以上的配电装置，特别在水电站中应用较多。多角形接线一般不宜超过 6 角。

4.3　主变压器的选择

发电厂中用来向电力系统或用户输送电能的变压器称为主变压器（简称主变），其中用于沟通两个升高电压等级并可相互交换功率的变压器称为联络变压器；而只供发电厂本身用电的变压器则称为厂用变压器。

除发电机外，主变压器是发电厂中最为贵重的大型电气设备。主变压器台数、容量和型式的选择是否合理，对发电厂的安全经济运行至关重要。

4.3.1　主变压器台数和容量选择

4.3.1.1　单元接线的主变压器选择

采用发电机-变压器单元接线时，主变压器容量应与发电机容量相配套。例如100MW发电机配120MVA主变压器；300MW发电机配360MVA主变压器；600MW发电机配720MVA主变压器。

当采用扩大单元接线时，应采用低压侧分裂绕组变压器，其容量也与所连接的发电机容量相配套。例如葛洲坝（大江）电厂4台125MW发电机共用一台600MVA的低压分裂绕组变压器。

4.3.1.2　接于发电机电压母线的主变压器选择

发电机电压母线与系统连接的升压变压器在多数情况下应选2台，某些小型发电厂，或发电厂主要电能是以发电机电压向附近供出，系统电源仅作为备用时，亦可选用1台主变压器。主变压器的容量应按下列条件计算：

（1）当发电机电压母线上的负荷最小时，应能将发电机剩余的功率输入系统。

（2）当接入发电机电压母线上的最大一台发电机停用时，能由系统返送功率给发电机电压母线的最大负荷（可适当考虑变压器的过负荷能力）。

（3）当丰水季节为充分利用其他水电站水能发电而对本厂发电机出力进行限制时，应能从系统返送电能满足发电机电压母线的最大负荷。

（4）对于装有2台主变压器的发电厂，当1台故障或检修时，另1台主变压器应能承担总传输功率的70%。

4.3.1.3　连接两种升高电压的联络变压器的选择

联络变压器一般只设1台，最多不超过2台，否则会造成布置和引接线的困难。

联络变压器的容量应能满足在各种不同运行方式下两级电压间的功率交换。

4.3.2　主变压器型式的选择

4.3.2.1　相数的选择

变压器的相数有三相和单相。在容量相同的情况下，一台三相变压器比由三台单相变压器组成的变压器组便宜，占地少、损耗小，运行维护方便。因此，凡能够采用三相变压器时都应首先选择三相变压器。如果受到制造、运输等条件（如桥梁负重、隧道尺寸等）限制时，可选用两台容量较小的三相变压器，在技术经济合理时，也可选用单相变压器组。对于电压等级为500kV及以上的发电厂和变电所，在考虑运输条件外，还应根据所提供的负荷和系统情况，分析变压器故障或检修时对系统的影响，经技术经济比较后确定选用单相还是三相变压器。

4.3.2.2　绕组数的选择

（1）当发电厂只有一种升高电压向用户供电或与系统相连以及变电所只有两种电压等

级时，两种电压等级之间采用双绕组变压器连接。

(2) 当发电厂有两种升高电压向用户供电或与系统相连以及变电所有三种电压等级时，可以采用双绕组变压器或三绕组变压器（包括自耦变压器），具体情况如下：

1) 单机容量为 125MW 及以下的发电厂，而且变压器各侧绕组的通过容量均达到变压器额定容量的 15%及以上时，优先考虑采用三绕组变压器。一个电厂中的三绕组变压器不应超过 2 台。但当两种升压电压的负荷相差很大时，通过变压器某一侧的功率小于变压器额定容量的 15%时，可采用发电机-双绕组变压器加双绕组联络变压器。

2) 单机容量为 200MW 及以上的发电厂，其升压变压器一般不采用三绕组变压器。否则，发电机出口需设置昂贵的大容量断路器。采用发电机－双绕组变压器加联络变压器，其联络变压器宜选用三绕组（或自耦变压器），电压绕组可作为厂用备用电源或启动电源，也可用来连接无功补偿装置。

3) 对于采用扩大单元接线的发电厂，应优先选用低压分裂绕组的变压器，与双绕组变压器相比，可减小发电机出口端短路的短路电流。

4) 具有三种电压等级的变电所，如通过主变压器各侧绕组的容量均达到变压器额定容量的 15%及以上，或低压侧虽无负荷，但需在该侧装设无功补偿设备时，宜采用三绕组变压器。当变压器需要与 110kV 及以上的两个中性点直接接地系统相连时，可优先选用自耦变压器。

4.3.2.3　绕组接线组别的确定

变压器的绕组连接方式必须使得其线电压与系统线电压相位一致，否则不能并列运行。电力系统变压器采用的绕组连接方式有星形“Y”和三角形“D”两种。发电厂中大多数大容量主变压器都采用 Y，D 接线或 Y，Y，D 的接线。我国电力变压器三相绕组的连接方式与电力系统中性点接地方式有关，110kV 及以上的电压等级为中性点直接接地的大电流系统，所以 110kV 及以上电压侧的变压器三相绕组均为“YN”；对于小电流接地系统的 35kV 作为高、中压侧可采用“Y”，低压侧采用“Y”或“D”；6～10kV 电压侧采用“D”。

4.3.2.4　调压方式的选择

变压器的调节方式有带负荷切换的有载（有励磁）调压方式和不带负荷切换的无载（无励磁）调压方式两种。有载调压的变压器具有专用的分接头切换开关，能够在不停电（带着负载）的情况下改变分接头位置进行调压。调压的范围较大，能达到电压的 30%，并可根据负荷大小的变化在一天中调节好几次，且可进行自动调节。无载调压的变压器必须在停电的情况下才能调节其高压绕组的分接头位置，分接头较少，调压范围较小，一般在 10%±(2×2.5%)，一年中一般只调节 1～2 次。由于有载调压变压器结构复杂，价钱昂贵，因此一般适用于：当出力变化较大或发电机经常在低功率因数运行的发电厂主变压器；具有功率方向经常变化的联络变压器；电压变化大、潮流方向不固定的变电所的主变压器。多数情况下多采用无载调压变压器。

4.3.2.5　结构型式的选择

变压器在结构上有升压变压器和降压变压器两种基本型式。升压变压器绕组排列为：铁芯-中压绕组-低压绕组-高压绕组，高、低压绕组间相距较近、阻抗较小、传输功率时损耗较小。降压变压器绕组排列为：铁芯-低压绕组-中压绕组-高压绕组，高、低压绕组间相距较远、阻抗较大、传输功率时损耗较大。根据功率的传输方向来选择其结构型式。发电厂主变压器采用升压变压器，变电所有升压变压器和降压变压器。

4.3.2.6 容量比的选择

双绕组三相变压器的容量比一般为100/100，三绕组三相变压器的容量比有100/100/100、100/100/50、100/50/50等形式。对于110kV变压器总容量不大，其绕组容量对造价影响不大，但中、低压侧的传输功率相对总容量比较大，为了调度灵活，一般采用100/100/100。而对于220kV及以上变压器，因容量比较大，其低压绕组主要带无功补偿电容器和用电负荷，容量小，为了降低变压器的造价，多采用100/100/50。

4.3.2.7 冷却方式的选择

电力变压器的冷却方式有自然冷却、强迫空冷、强迫油循环风冷却、强迫油循环水冷却、强迫油循环导向冷却、水内冷等方式。它与变压器的型式和容量有关，额定容量在1000kVA及以下选择自然冷却；额定容量在8000kVA及以上选择强迫空冷；额定容量在40000kVA及以上选择强迫油循环风冷却；额定容量在120000kVA及以上选择强迫油循环水冷却，但目前较少应用。现在大型变压器一般采用强迫油循环导向冷却，即采用潜油泵将油压入线圈之间、线饼之间和铁芯预先设计好的油道中进行冷却。

4.4 限制短路电流的方法

在大容量发电厂中，当发电机并联运行于发电机电压母线时，其短路电流可能高达几万甚至几十万安培，这将使母线、断路器等一次设备遭到严重冲击（发热和电动力）。为了安全，必须加大设备型号，而无法采用价格便宜的轻型开关电器和较小截面的导线，这不仅会使投资大为增加，甚至会因短路电流过大而无法选择合适的电气设备。因此，应当采取相应限制短路电流的措施。

4.4.1 主接线形式和运行方式的合理选择

（1）发电机组采用单元接线。各发电机和升压变压器采用单元接线而不在机端并联运行，将大大减少发电机机端短路的短路电流。

（2）环形电网开环运行。在环形电网某一穿越功率最小处开环运行，或将发电厂高压母线分裂运行，就是将本来并联运行的两大部分分开运行，当然使短路时的阻抗增大，短路电流变小。

（3）并联运行的变压器分开运行。多数降压变电所中装有两台变压器，其低压侧母线常采用单母线分段接线，当分段断路器分开运行时，会使短路电流大为减少。为保证供电可靠性，分段断路器上可装设“备用电源自动投入装置”，当一台变压器故障退出运行时，分段断路器能自动合闸，恢复对失电母线段及所带出线的供电。

4.4.2 限流电抗器的装设

（1）在发电机电压母线上装设分段电抗器。装设在发电机电压母线（6kV或10kV）分段处的电抗器能够有效地降低发电机出口断路器、母线分段断路器、母线联络断路器以及变压器低压侧断路器（还有连接这些设备的导体）所承受的短路电流。由于正常通过分段的电流不大，可以选较大电抗百分数（8%～12%），而两段母线间的电压降也不会太大，电能损耗也少，因此优先选用。

（2）在发电机电压电缆出线上装设出线电抗器。6～10kV 出线短路时，虽然上述母线分段电抗器也能起一些限流作用，但因其额定电流大（约为母线上最大一台发电机额定电流的 50%～80%），电抗有名值较小，限制短路电流的能力较小，有时还需在出线上装设出线电抗器，以使发电机电压直配线的短路电流限制到轻型廉价的开关所能开断的范围内。

（3）装设分裂电抗器。分裂电抗器的两臂在正常运行时负荷应当相同或相近。这样，正常运行时分裂电抗器所造成的电压降较小，而在分裂电抗器某一臂所带线路发生短路时，短路电流却受到很大的限制（阻抗很大），这是分裂电抗器的优点。

（4）采用低压绕组分裂变压器。将一台大容量变压器更换成电抗标幺值与其相同的两台小容量变压器，然后在低压侧解列运行，就可以有效地减少低压侧的短路电流。但是这使变压器台数增多，占地和投资都会增加。而采用低压绕组分裂变压器，将使这一矛盾得到较好的解决。

4.5　电气主接线设计及典型实例

4.5.1　电气主接线设计的基本要求

电气主接线的设计必须满足可靠性、灵活性和经济性三项基本要求。

（1）可靠性。供电可靠性是指能够长期、连续、正常地向用户供电的能力，即电气主接线在规定的时间段内，无故障工作时间所占的比例。电力中断不仅会给电力系统造成损失，也会给国民经济各部门造成损失，严重的情况下导致人员伤亡、设备损坏、产品报废、城市生活混乱等重大事故。因此，供电可靠性是电力生产与分配的首要要求。

主接线的可靠性可以进行定性或定量计算。如供电可靠性为 99.8%，表示一年中用户中断供电的时间累计不能超过 17.52h。电气主接线不仅要保证其在正常运行时的可靠性，还需考虑检修和事故时，都不能导致Ⅰ类负荷停电，一般负荷也要尽量减少停电时间。所以，通常要考虑设置备用设备，并保有适当裕度，此外，选用高质量的设备也能提高可靠性。这些要求均会导致费用的增加，与经济性的要求发生矛盾。因此，应根据具体情况进行技术经济比较，保证必要的可靠性，不可片面追求高可靠性。

（2）灵活性。

1）便于调度。根据安全、优质、经济的目标，灵活地投入和切除发电机、变压器和线路，调配电源和负荷，满足系统在正常、事故、检修及特殊运行方式下的调度要求。

2）便于检修。当某设备需要检修时，应能方便地将其退出运行，并使该设备与带电运行部分有可靠的安全隔离，从而保证检修人员操作方便及人身安全，而且进行检修时不影响系统的正常运行及用户的供电要求。

3）便于扩建。大型电力工程一般要分期建设，以适应投资能力和建设周期。从初期的主接线过渡到最终的主接线，每次过渡都应比较方便，尽量减少扩建过程中的一次、二次设备改造，改建工程量不能太大。

（3）经济性。主接线的经济性和可靠性、灵活性存在矛盾，后两者的提高会导致投资的增加，所以，需综合考虑三个方面，在可靠性和灵活性的前提下尽量做到经济合理。

1）节省投资。主接线应简单清晰，并应适当采用限制短路电流的措施，以节省开关电器数量、选用价格较低的电器或轻型电器，以便降低投资。

2）降低电能损耗。在发电厂或变电所中，电能损耗主要来自变压器，应经济合理地选择变压器的型式、容量和台数，尽量避免两次变压而增加电能损耗。

3）减少占地。土地是极为宝贵的资源，主接线的设计应使配电装置占地较少，同时节约搬运费用、安装费用等。

对大型发电厂或变电所，在可能和允许的条件下采取一次设计，分期投资、投建，尽快发挥经济效益。

4.5.2 电气主接线设计的原则

电气主接线设计必须以设计任务书为依据，以国家相关的法规、规程规范为准则，结合工程的具体特点，全面综合地加以分析，设计出可靠性高、运行方便灵活而又经济合理的最佳方案。具体设计中必须遵循以下原则：

（1）以发电厂或变电站的规划为依据。根据国家经济发展及电力系统的长远规划，分析发电厂、变电所在电力系统中的地位和作用、建设规模、所承担负荷大小和重要性等相关资料后，设计变电所和发电厂的电气主接线。

（2）以国家经济建设的方针、政策、技术规范和标准为准则。国家建设的方针、政策、技术规范和标准是结合我国实际情况、根据长期的生产实践经验而制定的，在设计中起主导地位，必须严格遵守。

（3）满足电气主接线对可靠性、灵活性和经济性的基本要求。

4.5.3 电气主接线设计程序

电气主接线的设计主要包括可行性研究、初步设计、技术施工设计 3 个阶段。

可行性研究阶段设计主要是电力项目从技术、经济上进行初期的论证，电气工作量较小，主要有主接线方案的比较和选择，各级电压出线回路数和方向，主要设备选择和布置等内容，并提供相应的设计报告和电气主接线图。

当项目得到批准以后，进入初步设计阶段主要是对可行性研究阶段的设计方案从技术、经济上进一步进行优化，确定最后的方案并提交比较详细的设计报告和电气主接线及其相关电气图纸。

技术施工阶段是设计的最后阶段，是在初步设计方案的基础上设计电气设备及配电装置的具体布置和安装方式。

电气主接线设计的具体设计步骤和内容如下。

（1）原始资料的收集与分析。分析所需设计发电厂的装机容量、运行方式及年利用小时数，电压等级与出线回路；分析变电所类型、规模、性质、电压等级与出线回路；分析发电厂或变压器在电力系统中所处的位置和所承担的负荷的情况以及系统 5～10 年的规划；分析发电厂或变压器所处的地理位置、气候情况以及设备的运输、制造情况。

（2）拟定若干个可行的主接线方案。根据设计任务书的要求，在分析原始资料的基础上，拟定出若干个可行的主接线方案。主要从发电机或变压器与系统的连接方式；变压器容量、台数及型式；各级配电装置的接线形式等方面考虑。

（3）对拟定的若干方案进行技术经济论证。根据电气主接线的基本要求，对各方案的可靠性（如母线或配电装置在故障或检修时的停电时间和停电范围）和灵活性进行定性的技术分析比较后确定出 2～3 个技术上相对较好的方案。

（4）对所选择主接线方案进行经济比较。对所选择的 2～3 个主接线方案进行经济比较后，最后确定一个最优主接线方案。经济比较要从综合投资、年运行费用等两大方面进行比较。

（5）对最优方案进行设计。对最优方案进行短路电流计算，根据计算结果，提出限制短路电流的措施后再进行短路电流计算。

其次，根据正常工作时的工作电压和最大工作电流选择电气设备并以最后的短路电流计算结果对电气设备进行校核。

最后利用国家规定的电气设备图形符号绘制电气主接线图，并绘制出主要的配电装置图。写出相应的设计计算说明书。

4.5.4　水电站电气主接线典型实例

4.5.4.1　水电站电气主接线的基本特点

水电站与火电、核电等发电厂电气主接线设计有相似性，也有其自身特点。

（1）水电站大都建设在水力资源丰富的大江大河上，远离负荷中心，因此除其自用电外，一般采用升高电压由高压输电线路送入电力系统，极少情况是发电机电压母线直接向用户供电。

（2）如果水电站主要担任峰荷和腰荷，运行中开、停机操作频繁，机组利用小时数较低，要求主接线应具有适应各种运行情况的灵活性，以充分发挥水电站在电力系统中的作用。

（3）水电站能迅速起动，投入系统并带上负荷，易于实现自动化和远动化。

（4）通常水电站的总装机数和最终容量是确定的，可以不考虑机组扩建的可能性。为考虑电力系统的发展，在水电站电气主接线中可以预留扩建输电线路出线的位置。

（5）水电站一般建设在高山峡谷地区，升压变电所和其他配电装置的布置，往往受到地形限制，因此应尽可能简化接线，减少占地面积，避免较大的土石方开挖量。

（6）水电站所在河流若为梯级开发，则对各级电站应有一个全面规划，整个梯级的电能如能汇集到一个电站集中送出，这样其余各电站的主接线可以得到很大的简化。

（7）水电站年负荷利用小时数一般不高，特别是调节能力较差的电站，在非汛期闲置机组较多，因此部分机组以低功率因数运行或作调相运行，可使系统无功容量不足的问题得以改善。

（8）水电站厂用电与火电站厂用电相比，容量小，一般仅占电站容量的 0.3%～2.0%，重要性也低，因此，水电站厂用电接线相对简单。

4.5.4.2 中小型水电站电气主接线

中小型水电站一般单机容量在 100MW 及以下，总装机容量在 750MW 及以下，图 4.14 为某中型水电站电气主接线图。该水电站有单机容量为 75MW 的机组 4 台，每 2 台机组与 1 台低压分裂绕组变压器接成扩大单元接线形式，采用低压分裂绕组变压器可限制发电机出口处的短路电流。发电机电压经升压后接入 220kV 配电装置，220kV 出线回路采用五角形的接线形式。

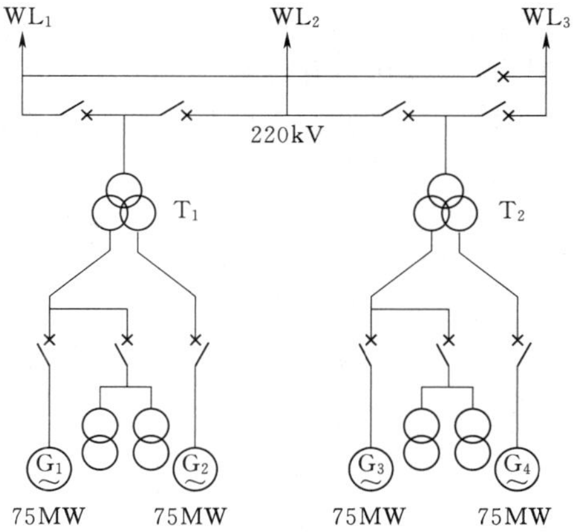

图 4.14 中型水电站电气主接线图

4.5.4.3 大型水电站电气主接线

大型水电站一般单机容量在 100MW 及以上，总装机容量在 750MW 及以上。

图 4.15 为某大型水电站电气主接线图。该水电站有单机容量为 200MW 的机组 6 台。G1～G4 机组中每 2 台机与 1 台低压分裂绕组变压器构成扩大单元的接线形式，发电机电压经变压器升压后接入 500kV 配电装置。G5、G6 机组采用单元接线，发电机电压经双绕组变压器升压后接入 220kV 配电装置。500kV 配电装置有 3 回出线，采用 3/2 断路器的接线形式，220kV 配电装置有 5 回出线，采用带专用旁路断路器的双母线带旁路母线的接线形式。220kV 和 500kV 之间用自耦变压器联络，其第三绕组侧作为厂用备用电源。

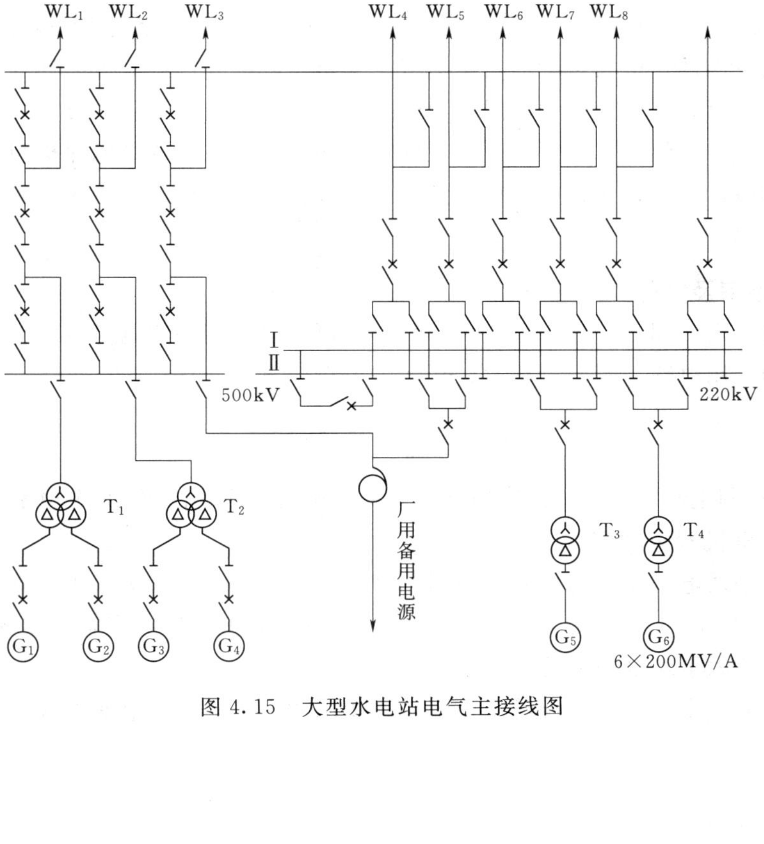

图 4.15 大型水电站电气主接线图

图 4.16 为葛洲坝（大江）水电站主接线图。该水电站 4 台 125MW 发电机共用 1 台 600MVA 主变压器升压至 500kV。因该水电站水头低，发电机容量不大，这样配置既减少了主变台数，又减少了 500kV 断路器和隔离开关的数量，因而减少了占地，减少了投资。

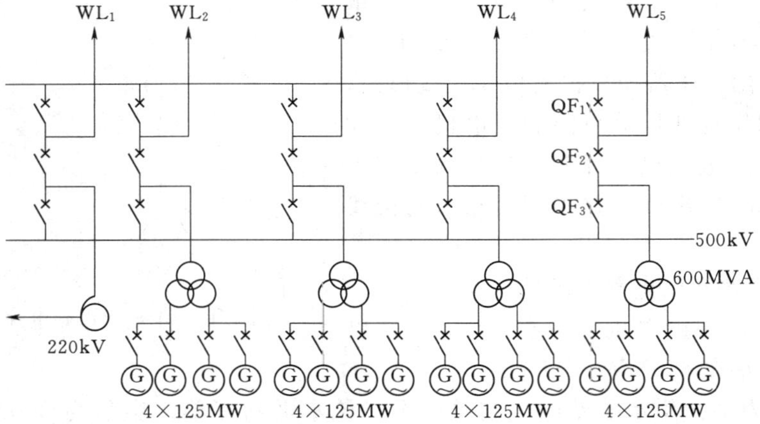

图 4.16　葛洲坝（大江）水电站电气主接线图（隔离开关等略去）

4.6　厂用电及其接线

在发电厂中，需要许多辅助机械为主机服务，如润滑用的机组油泵、排水泵、各阀门、溢洪闸门、进水闸门等，所有这些辅助机械的用电、以及电厂的照明、电气检修、试验用电等总称为厂用电。将厂用电气设备按一定的方式连接起来，组成厂用电系统就是厂用电接线。

厂用电的可靠性对电力系统的安全运行非常重要，提高厂用电可靠性的目的是使发电厂长期无故障运行，不致因厂用电局部故障而被迫停机。为此必须认真合理考虑厂用供电电源的取得方式、工作电源的接线方式；此外，还应配备完善的继电保护与自动装置，合理配置厂用机械，并正确选择电动机类型、容量和台数；在运行中需对厂用机械进行正确维护和科学管理。

4.6.1　厂用电率及厂用负荷分类

发电厂在一定时间（例如一月或一年）内，厂用电所消耗的电量占发电厂总发电量的百分数，称为厂用电率。额定工况下，厂用电率可用下式计算

$$K_P=\frac{S_c\cos\varphi_{av}}{P_N}\times 100\% \tag{4.1}$$

式中：K_P 为厂用电率，%；S_c 为厂用计算负荷；$\cos\varphi$ 为厂用负荷平均功率因数，一般取 0.8；P_N 为发电机额定功率。

厂用电率是发电厂运行的主要经济指标之一。一般凝汽式火电厂的厂用电率为 5%～8%，热电厂为 8%～13%，水电站为 0.3%～2.0%。降低厂用电率不仅能降低电能成本，同时也相应地增大了对电力系统的供电量。

厂用电负荷，根据其用电设备在生产中的作用和突然中断供电所造成的危害程度，按

其重要性可分为如下五类：

(1) Ⅰ类厂用负荷。凡是属于短时（手动切换恢复供电所需要的时间）停电会造成主要辅助设备损坏、危及人身安全、主机停运及影响大量出力的厂用负荷。都属于Ⅰ类负荷。如水电站的调速器、压油泵、润滑油泵等和火电厂的给水泵、凝结水泵、循环水泵，引风机、送风机、给粉机等。通常它们都设有两套设备互为备用，分别接到有两个独立电源的母线上，当一个电源断电后，另一个电源就立即自动投入。

(2) Ⅱ类厂用负荷。允许短时停电（几秒至几分钟），恢复供电后不致造成生产紊乱的厂用负荷，均属于Ⅱ类厂用负荷。如水电站的大部分厂用电动机，火电厂的工业水泵、疏水泵、灰浆泵、输煤设备和化学水处理设备等。一般它们均应由两段母线供电，并采用手动切换。

(3) Ⅲ类厂用负荷。允许较长时间停电，不会直接影响生产，仅造成生产上不方便的厂用负荷，都属于Ⅲ类厂用负荷。如试验室、修配厂、油处理室的负荷等。通常它们由一个电源供电，但在大型发电厂也常采用两路电源供电。

(4) 事故保安负荷。在200MW及以上机组的大容量电厂中，自动化程度较高，要求在事故停机过程中及停机后的一段时间内，仍必须保证供电，否则可能引起主要设备损坏、重要的自动控制失灵或危及人身安全的负荷，称为事故保安负荷。按对电源要求的不同它又可分为：①直流保安负荷，如发电机的直流润滑油泵、事故氢密封油泵等；②交流保安负荷，如盘车电动机、交流润滑油泵、交流密封油泵、消防水泵等。为满足事故保安负荷的供电要求，对大容量机组应设置事故保安电源。通常，由蓄电池组、柴油发电机组、燃气轮机组或可靠的外部独立电源作为事故保安负荷的备用电源。

(5) 不间断供电负荷。在机组运行期间，以及正常或事故停机过程中，甚至在停机后的一段时间内，需要连续供电并具有恒频恒压特性的负荷，称为不间断供电负荷。如实时控制用的计算机、热工保护、自动控制和调节装置等。不间断供电电源一般采用由蓄电池供电的电动发电机组或配备数控的静态逆变装置。

4.6.2　厂用电电源及电压等级

由于现代化电厂的运行是十分可靠的，因此一般情况下，自用电源应从本厂发电机电压侧母线取得、经过降压变压器供电。当事故情况下厂用电源失去了工作电源时，还应该自动切换到备用电源上继续运行，因此，要求备用电源具有供电独立性，并具有足够的容量。

厂用电系统的电压等级要根据发电机额定电压、厂用电系统的可靠性和经济性等多方面因素综合考虑，经过技术经济比较后确定。发电厂中拖动各种厂用机械设备的电动机容量差别很大，从几瓦到几千千瓦，而电动机的容量与其额定电压有关，因此，只有一种电压等级是不能满足要求的，必须根据所拖动设备的功率及电动机的制造情况来进行电压选择。表4.2列出了我国电动机制造的容量范围。

表4.2　电动机容量范围与电压等级

电动机额定电压/V	220	380	3000	6000	10000
容量范围/kW	<140	<300	>75	>200	>200

选用厂用电动机时，应在满足技术要求的前提下采用较低电压等级的电动机，只有少数很大容量的电动机才选用高电压等级。这是因为高压电动机绝缘要求高、尺寸大、价格贵、磁路长、损耗大、效率低。

发电厂厂用电压等级不能太多，一般分为高压和低压两级。低压级为 0.4kV（380/220V），高压级可在 3kV、6kV、10kV 中选用一种。超大容量机组（如 600MW）则可选用两级高压。水电站厂用机械较火电厂少，电动机容量也不大，通常只设 380/220V 一种厂用电电压，如果大坝、厂房、引水建筑物及辅助生产建筑物等彼此相距较远，或者坝区有大型机械，如闸门启闭机、船闸或升船机等，则需要专设坝区变压器，以 6kV 或 10kV 供电。

4.6.3　厂用电引接方式

4.6.3.1　厂用工作电源的引接

厂用工作电源对可靠性要求很高，工作电源的引接方式与电气主接线有密切关系。

当主接线具有发电机电压母线时，厂用高压工作电源从发电机电压母线上引接；当发电机、变压器采用单元接线时，厂用高压工作电源从主变压器的低压侧引接；当主接线为扩大单元时，厂用高压工作电源从发电机出口或主变低压侧引接，如图 4.17 所示。

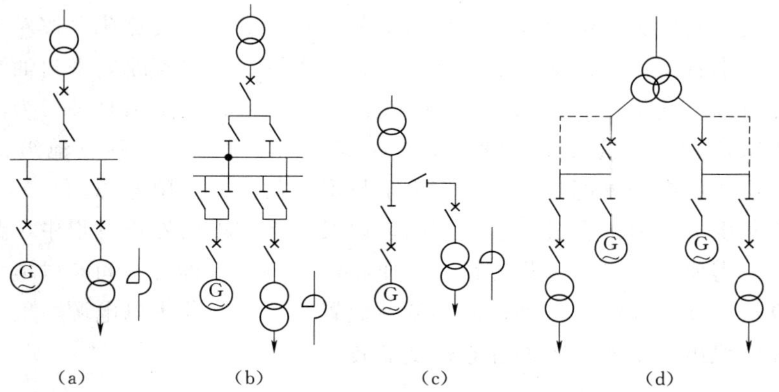

图 4.17　厂用工作电源的引接方式

（发电机电压为 6.3kV 而厂用高压为 6kV 时用电抗器）

(a) 从单母线发电机电压母线上引接；(b) 从双母线发电机电压母线上引接；(c) 从主变压器低压侧引接；

(d) 从发电机出口（或主变压器低压侧）引接

厂用低压工作电源，一般从厂用高压母线段上引接；当无高压厂用母线段时，从发电机电压母线上或从发电机出口直接接入低压厂用变压器，以取得 380/220V 低压工作电源。

4.6.3.2　厂用备用电源引接

当事故情况下厂用负荷失去了工作电源时，即会自动切换到备用电源上继续运行。因此，要求厂用备用电源具有供电的独立性，并有足够的容量。最好与系统紧密联系，在全厂停电情况下仍能从系统获得厂用电源。具体有以下几种方式：

（1）从发电机电压母线的不同分段上引接厂用备用变压器。

（2）从与电力系统联系紧密的升高电压母线上引接厂用高压备用变压器，如有两级与系统联系的升高电压，尽量选用较低一级以节省投资。

(3) 从联络两级升高电压的联络变压器的第三绕组引接厂用备用变压器。

(4) 从外部电网中引接专用线路（因经济性差极少采用）。

厂用备用电源分为明备用和暗备用。

中、小型水电站多采用暗备用，即不设专门的备用变压器，而是两个厂用工作变压器容量选大一些，互为备用。暗备用减少了厂用变压器的数量，也相应节约了占地和费用。

大型水电站、火电厂中一般采用明备用，即装设专门的备用变压器，平时不工作或仅带很小负荷，一旦某一工作电源失去后，该备用变压器自动代替原来的工作电源。

4.6.4 水电站厂用电接线实例

中小型水电站的厂用电动机单台容量很少有超过100kW的，大多仅有280/220V一级厂用电压且只分两段，两台厂用变压器互为备用（暗备用）。大型水电站因坝区有大型机械，还需用6（10）kV供电。大容量水电站地位重要，厂用电可靠性要求高，一般按机组台数构成单母线分段，每段由单独的厂用变压器供电，并设置专用备用变压器（明备用）。

图4.18是2×36MW的中型水电站厂用电接线图。两台发电机共用一台升压变压器构成扩大单元接线，两台厂用变压器互为备用，由于水电站担任调峰任务，为保证全厂停机时可由系统倒送电，两台厂用变压器分别从1# 发电机机端和主变压器低压侧引接。全部厂用负荷均由0.4/0.23kV供电，没有高压电动机。机组自用负荷及比较重要的全厂公用负荷均直接由厂用母线供电，有的重要负荷则由两段母线交叉供电。这种中型水电站由于发电机台数少，厂用电集中供电而不设机旁配电盘的接线方式，厂用配电装置采用BSL型低压配电屏，通常布置在发电机层的机组附近。

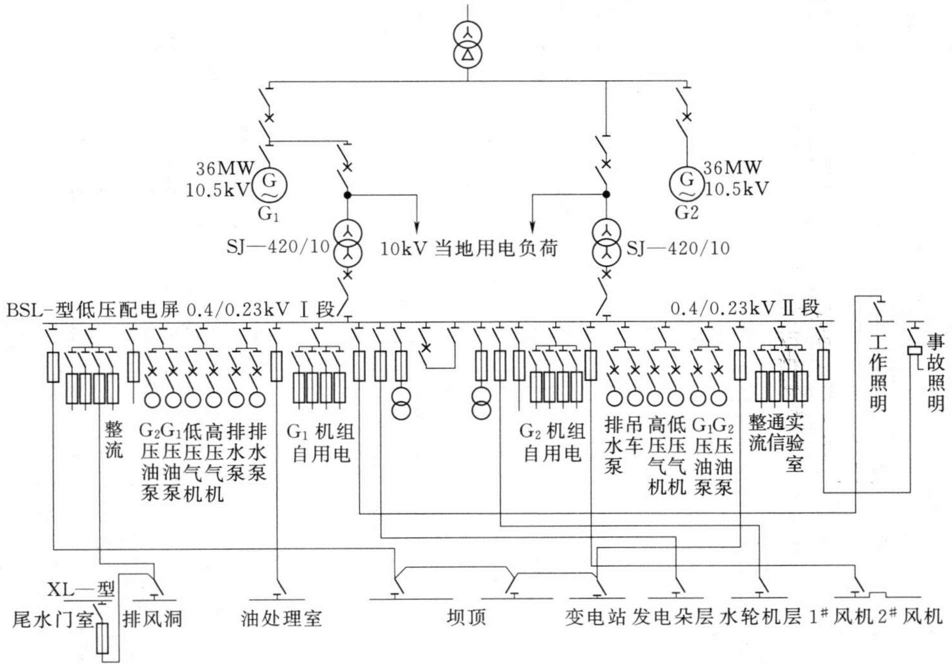

图4.18 只有低压厂用电压的水电站厂用电接线

图 4.19 为某 4×110MW 水电站厂用电接线图。该厂采用 6kV 和 0.4kV 两级厂用电压。两台厂用高变引自扩大单元的主变低压侧，容量为 1800kVA，互为备用。全厂设 2 台低压机组厂用变压器，电源分别引自厂用 6kV 的 1 段和 2 段母线，供电给 4 台机组机旁盘，均互为备用，有足够的可靠性。其他公用负荷另设 2 台低压变压器，分别供给 0.4kV 功用 1 段和 2 段母线，低压公用变也互为备用。

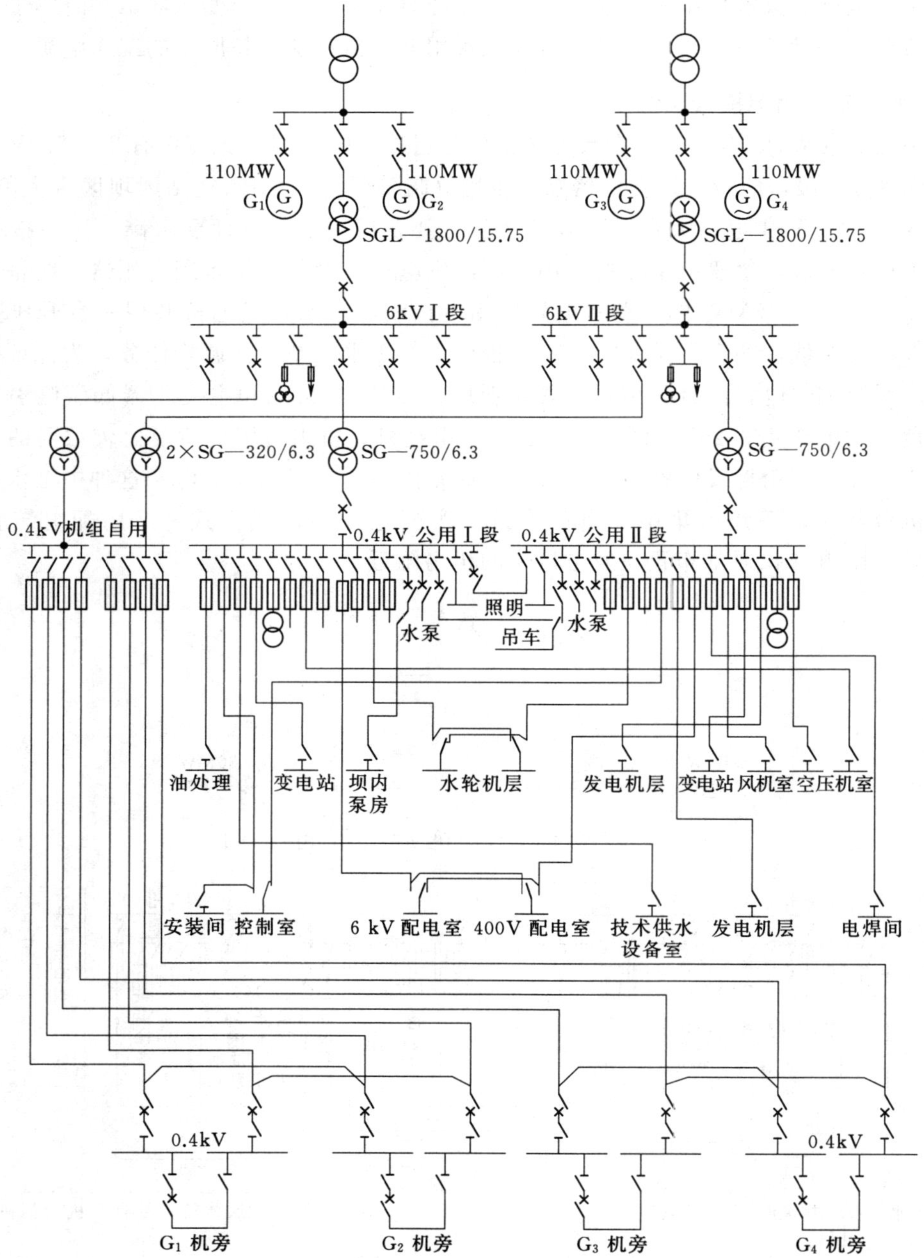

图 4.19　采用两级厂用电压的水电站厂用电接线

习题与思考题

4.1　什么是电气主接线？对电气主接线有哪些基本要求？

4.2　主接线的基本形式有哪些？

4.3　主母线和旁路母线的作用是什么？旁路母线可否代替主母线工作？

4.4　分析说明各类型电气主接线的特点和适用范围。

4.5　分段断路器兼旁路断路器的单母线分段带旁路母线的主接线有几种形式？

4.6　母线断路器兼旁路断路器的双母线带旁路母线的主接线有几种形式？

4.7　电气主接线设计的原则是什么？

4.8　电气主接线设计程序有哪些步骤？

4.9　电气主接线设计中主变压器的选择包括哪些内容？

4.10　水电站的电气主接线具有什么特点？

4.11　什么叫厂用电和厂用电率？厂用电负荷分为哪几类？

4.12　对厂用电接线有何基本要求？对厂用电压等级的确定和厂用电源的引接依据是什么？

4.13　厂用备用电源如何取得？有几种备用方式？

第 5 章　过电压保护和接地装置

5.1　过电压保护概述

电力系统中电气设备的绝缘会受到两种过电压的危害：一种是外部过电压，又叫大气过电压，是由雷电活动所引起的过电压；另一种是内部过电压，是由开关操作和系统故障而引起的过电压。

5.1.1　外部过电压

雷电放电包括雷云对大地、雷云对雷云和雷云内部的放电现象。大多数的雷电放电是在雷云和雷云之间进行的，只有少数是对地进行的。因为雷云对地放电是造成电力系统雷击故障的主要因素，通常雷云对地放电是主要研究内容。

当雷云邻近大地时，由于雷云电荷所形成的强大电场作用，使云块下的大地感应出与雷云电荷不同极性的电荷，雷云与大地犹如组成一个以空气为绝缘介质的电容器，如果雷云和大地间的电场强度高到使其间空气被击穿而形成雷击通道，雷云即向大地放电。这种雷云对大地放电的过程就称为雷击，其形成的放电电流被称为雷电流。

一次雷击过程时间虽然很短（一般为几十微秒），但由于雷云的电压极高（可高达几百万到几千万伏）和雷电流极大（可达几万至几十万安培），其热效应和电磁效应会使雷击通道中的建筑物和设备遭到破坏，人畜伤亡。雷电的热效应还可以发出强烈的闪光，并使周围空气急剧膨胀，形成巨大的轰鸣声（雷声）。

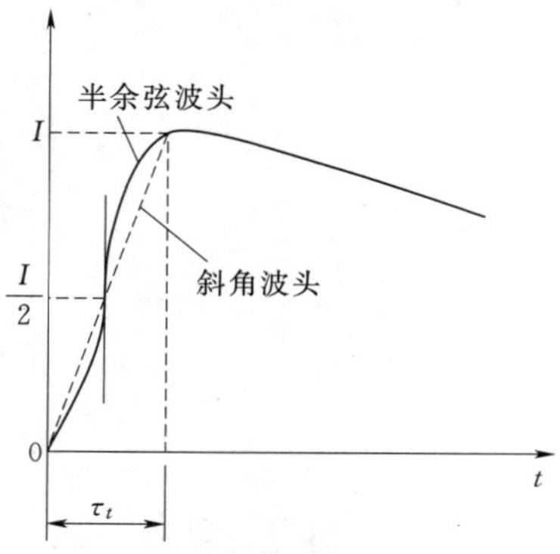

图 5.1　雷电流波形示意图

雷电流具有强烈的冲击特性，即在几微秒内上升到极高的幅值，再经过几十微秒又由幅值降到很小的数值，波形如图 5.1 所示，其特性一般用峰值、陡度和波头波形来表示。

雷电流的峰值符合概率分布曲线，或者采用式（5.1）表示

$$I = -108\lg p \tag{5.1}$$

式中：I 为雷电流峰值，kA；p 为峰值等于或大于 I 的雷电流出现的概率。

依据式（5.1）计算，峰值等于或者超过 50kA 的概率为 33%，等于或超过 32.5kA 的概率为 50%。

雷电流的陡度（di/dt）以 kA/μs 计，其值与雷电流波形有关，一般为几十 kA/μs。波头长度 τ_1 大约 1～4μs，我国在防雷设计中 τ_1 取 2.6μs。在设计一般线路时，波头波形近似取斜角波；在设计 40m 以上高塔时，近似采用半余弦波。

雷电产生的危害是由雷电产生的三种效应导致，分别如下：

(1) 电效应。雷电可产生强大的电场和磁场，使处于雷击区内的电子设备和人体产生静电感应和电磁感应，生成数千伏的静电感应电压，由此造成大量电子设备被击毁，或导致人体心室纤颤及呼吸肌麻痹而猝死。

(2) 热效应。强大的雷电流可以转变成热能。据测算，雷击点的发热量可达500～2000J，能瞬间融化50～200mm厚的钢材，这正是遭雷击后建筑物起火燃烧、人体组织会碳化成焦状的原因。

(3) 冲击性电动力。雷击产生的强大的冲击性电动力使被击物体断裂或破碎，例如建筑物倒塌、大树从中间被劈开等。

根据雷电产生和危害特点的不同，雷电对发电厂的危害可分为直击雷、感应雷、雷电侵入波以及比较少见的球形雷等。

(1) 直击雷。雷云向发电厂的电气设备和建筑物直接放电称为直击雷。极高的直击雷过电压，将使电气设备的绝缘被击穿，即使电压等级较高的电气设备也难以承受。巨大的雷电流会造成建筑物的劈裂、倒塌和火灾。另外，当雷电击中接闪器，电流沿引下线向大地泄放时，这时对地电位升高，有可能向临近的物体跳击，称为雷电"反击"，从而造成火灾或人身伤亡。

(2) 感应雷。感应雷是由静电感应所引起。在雷云临近发电厂上空时，发电厂建筑物和附近地面上，将感应出大量的电荷，这种与雷云电荷相互吸引着的，极性不同的感应电荷，叫做束缚电荷。与雷云电荷同极性的电荷，则被排斥到大地深处。当此雷云对另一雷云或地面放电后，如果此时建筑物接地不够良好，则聚集在它上面的感应电荷不能立刻流散，将与大地间形成很高的电位差，这个电位差叫做感应雷过电压。感应雷过电压达到足够大的数值，就会引起建筑物内部的电线、金属管道和大型金属设备放电，造成火灾、爆炸或人身伤亡事故。

(3) 雷电侵入波。当输电线路遭到直击雷或感应雷时，泄放到输电线上的雷电荷将会沿着输电线两侧向发电厂或变电所流动，形成雷电侵入波；其所产生的高电压叫做侵入波过电压，有时高达三四十万伏，也会造成发电厂电气设备绝缘的破坏。

(4) 球形雷。或称球状闪电，通常都在雷暴之下发生。通常它只会维持数秒，但也有维持了1～2分钟的记录。更神奇的是它可以在空气中独立而缓慢地移动。球状闪电之所以神秘，是因为它并不常见，它行踪不定、色彩外形多变，还具有巨大的瞬间破坏力。球形雷火球可辐射出大量的热能，因此它的烧伤力比破坏力要大。

水电站是我国电网的重要电源，发挥着发电、防洪、航运、供水等综合利用效益，在国民经济建设中起着越来越重要的作用。但由于水电站自然条件复杂，设备与线路内在联系紧密，一旦发生雷击火灾事故，就会波及全电站乃至全网，从而造成重大的经济损失或人员伤亡。2002年9月，三门峡水电站2号主变压器因雷击引起火灾而损坏，致使3号发电机组停运，被迫弃水0.99亿m^3。因此，为确保水电站运行安全，必须采取有效的防雷措施。

5.1.2 内部过电压

由于操作或故障引起的电网电压升高，都属于内部过电压。引起内部过电压的原因较多，主要有以下几种形式：

（1）工频过电压。发电机突然甩负荷，电力系统中发生故障，或者由于远距离输电线路的电容效应，都可能引起短时超过正常工作电压的电压升高。例如，中性点不接地电力系统中发生单相接地后，非故障相的对地电压就会升高$\sqrt{3}$倍。

（2）操作过电压。电力回路中存在着电阻、电感和电容。当用断路器进行线路或设备的投入、切除操作时，在达到新的稳定运行方式之前有一段短暂的过渡过程，往往会产生振荡过电压。例如，开断空载线路，开断空载变压器，开断电容器组，开断电动机及空载线路合闸等。

（3）谐振过电压。电力系统中的许多电感、电容元件构成一系列不同自振频率的振荡回路。当开关操作或发生故障时，某些振荡回路与电源产生谐振现象，导致某些部分或元件上出现严重的谐振过电压。根据谐振元件的性质不同，分为线性谐振、铁磁谐振和参数谐振。

5.1.3　防止过电压危害的措施

无论哪种形式的过电压，都会对设备绝缘构成威胁。如果过电压使设备绝缘击穿，由于电气设备本身还带有工频交流电压，则当短暂过电压引起的击穿电流过去之后，工频交流电也将流过其击穿通道（称为工频续流），从而造成短路事故。为此，对电气设备必须加装必要的过电压保护设施。

5.1.3.1　对直击雷的防护措施

对于直击雷，发电厂和变电站通常采用避雷针、避雷线进行保护。

5.1.3.2　对感应雷的防护措施

（1）较低电压等级的电气设备及母线，因其绝缘水平较低，不可太靠近容易引雷的物体，以免发生“反击”。

（2）采用避雷器泄放感应过电压。

5.1.3.3　对雷电侵入波的防护措施

发电厂、变电所对雷电侵入波的防护主要是安装多组避雷器。此外，发电厂、变电所的进线段保护（邻近的 1～2km 架空线避雷线）有利于减少雷电侵入波的危害。

5.1.3.4　对内部过电压的防护措施

对内部过电压的保护措施有：采用灭弧性能良好不重燃的断路器（对于超高压系统采用具有中、低值并联电阻的断路器）、限制工频电压升高的并联电抗器、保护间隙、限制内部过电压的磁吹避雷器、阻尼电阻、电容器以及合理的运行操作方式避免发生谐振等。

5.2　防雷保护措施

对直击雷的防护措施通常是装设避雷针或避雷线。它高于被保护物体，可以将雷电吸引至自身并迅速放入地中，从而使其附近的物体得到保护。避雷针或避雷线能够提供一个空间保护范围。如果被保护的物体处在这个空间范围内，一般不会遭到雷击。避雷针（或避雷线由接闪器、接地引下线和接地体（接地装置）三部分组成。

避雷针或避雷线可以防止设备遭受直击雷，但是它不能防止线路传入发电厂和变电所的雷电侵入波对电气设备的危害。而避雷器是一种放电器，它一端接某一相带电导体，另一端接地，它能够限制过电压以保护电器设备，从而防止电气设备受到雷电侵入波的危害。

5.2.1 避雷针

避雷针是发电厂中用来保护电气设备和建筑物免受直击雷的主要防护装置。避雷针的接闪器一般用直径 10～20mm、长 1～2m 的钢棒制成。引下线一般使用截面不小于 $25mm^2$ 的圆钢、扁钢或镀锌钢绞线，如果支持物为钢筋混凝土或钢支架时，也可用支架内的钢筋或支架本身作为引下线。

避雷针的保护范围是指被保护物体具有 0.1%左右雷击概率的空间范围。这个范围是通过模拟试验，并经过运行实践验证而确定的，可以通过作图或公式计算求得。避雷针的保护范围与针的高度和数目有关，在工程设计中，一般采用简化作图法来确定。

5.2.1.1 单支避雷针的保护范围

单支避雷针的保护范围像一个由它支撑的“帐篷”。当避雷针的高度为 h 时，从针顶向下作 45°的斜线，在距地面 $h/2$ 处转折，再与地面上距针底 $1.5h$ 处相连，即构成了保护空间帐篷的外缘，如图 5.2 所示。

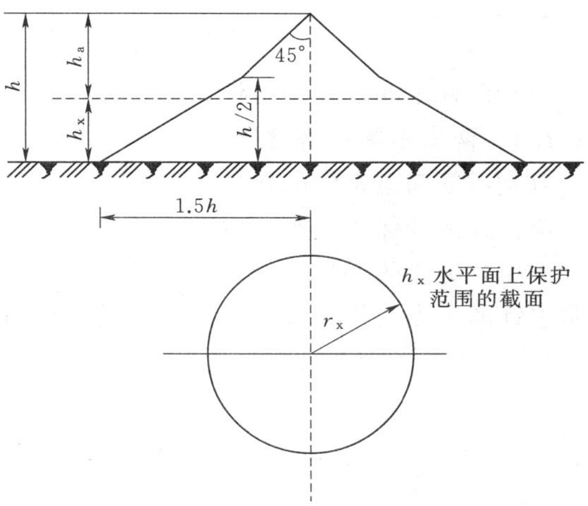

图 5.2 单支避雷针的保护范围

在高度为 h_x 的水平面上，其保护半径 r_x 可按下式计算：

$$\left.\begin{aligned}&当\ h_x \geqslant \frac{h}{2}\ 时 \quad r_x=(h-h_x)p=h_a p\\&当\ h_x < \frac{h}{2}\ 时 \quad r_x=(1.5h-2h_x)p\end{aligned}\right\} \tag{5.2}$$

式中：h_x 为被保护物的高度，m；h 为避雷针高度，m；h_a 为被保护物体的高度，m；p 为高度影响系数，$h \leqslant 30$m 时，$p=1$，$30<h \leqslant 120$m，$p=5.5/\sqrt{h}$ 。

这个保护范围是以避雷针为轴的折线构成的圆锥体空间。只要被保护物体的最高点不超过该圆锥体空间，都可得到有效保护。

5.2.1.2 双支等高避雷针的保护范围

双支等高避雷针的保护范围如图 5.3 所示。

从图 5.3 中可看出，当需要保护的范围较大，用一根较高的避雷针保护往往不如两根稍矮的避雷针联合保护，由于两针之间受到良好的屏蔽作用，除受雷击的可能性极小外，又便于施工，并具有良好的经济效果。

图 5.3 中在 $O—O'$ 截面上，高度 h_x 的平面保护范围一侧宽度 b_x 可按下式计算

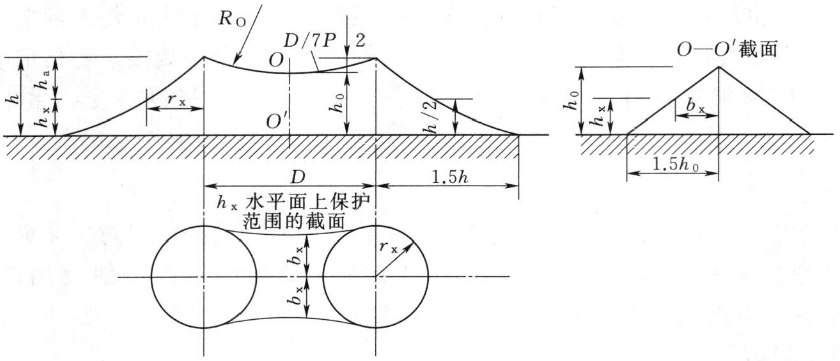

图 5.3　两等高避雷针的保护范围

$$b_x = 1.5(h_0 - h_x) \tag{5.3}$$

一般两针之间的距离与针高之比 D/h 不宜大于 5。

5.2.1.3　两支不等高避雷针

双支不等高避雷针的保护范围如图 5.4 所示。

两针外侧的保护范围仍按单针的方法确定。两针内侧的保护范围确定方法如下：先按单针作出高针 1 的保护范围，然后经过较低针 2 的顶点作水平线与之交点 3，再设点 3 为一假想针的顶点，作出 2 和 3 两等高避雷针的保护范围。图 5.4 中 $f = D'/7p$。

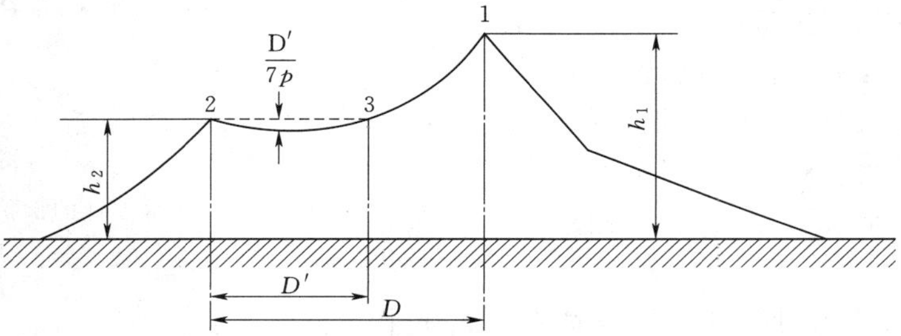

图 5.4　两支不等高避雷针的保护范围

5.2.1.4　多支等高避雷针

三支等高避雷针的保护范围如图 5.5 所示。

三支针的安装地点 1、2、3 形成的三角形的外侧保护范围分别按两支避雷针的方法确定，如果在三角形内被保护物的最大高度 h_x 的水平面上各相邻避雷针保护范围的外侧宽度 $b_x \geqslant 0$，则曲线所围的平面全部得到保护。

四支及以上避雷针，可先将其分成两个或几个三角形，然后按确定三支避雷针保护范围的方法计算，如图 5.6 所示。

5.2.2　避雷线

避雷线，又称架空地线，是 110kV 及以上输电线路的主要防雷措施，一般沿线路全长架设，不仅保护线路本身，也减少了雷电侵入波对发电厂或变电所的危害。

发电厂应采取特别的措施防止或减少近区雷击闪电，35～110kV 出线未全线架设避雷线的，应在出线端 1～2km 内架设避雷线（进线保护段）。进线保护段可以使从线路上侵入发电厂或变电所的雷电波幅值和陡度大为降低。在雷雨季节，如果线路进线开关可能经常断开运行，则应在靠近开关的线路侧装设一组避雷器来保护开关本身的绝缘。

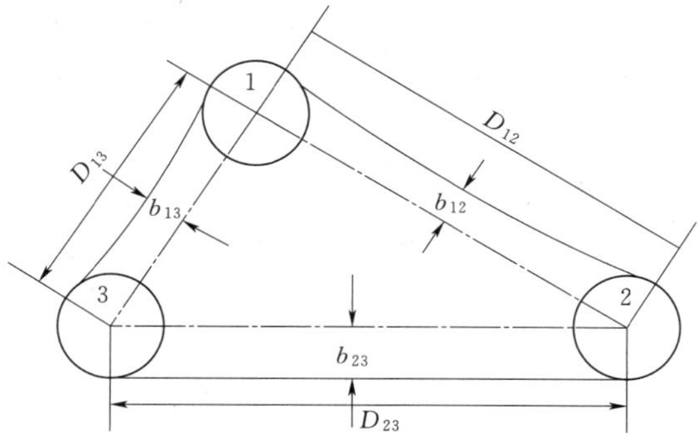

图 5.5　三支避雷针的保护范围

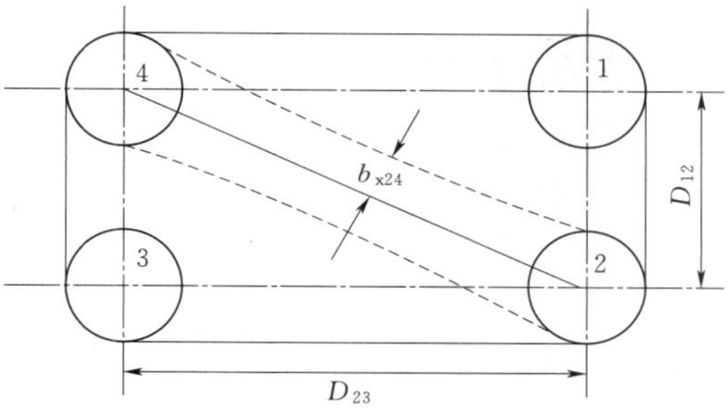

图 5.6　四支避雷针的保护范围

在发电厂中，避雷线的主要作用是保护主变压器高压引出线（当主变压器与屋外高压配电装置相距较远时）免受直接雷击。对于特殊地形条件的发电厂，如峡谷地区的水电站，在两侧山头上埋桩架设避雷线很方便，也可以采用避雷线作为建筑物和配电装置的直击雷保护装置。

避雷线的接闪器为悬挂在被保护物上方的接地导线，一般采用截面不小于 $35mm^2$ 镀锌钢绞线。接地引下线则采用截面不小于 $25mm^2$ 镀锌钢绞线。

避雷线的保护原理与避雷针基本相同。

5.2.2.1　单根避雷线的保护范围

单根避雷线的保护范围如图 5.7 所示，可按下式计算：

$$\left.\begin{aligned} &当\ h_x \geqslant \frac{h}{2}\ 时 \quad r_x = 0.47(h - h_x)p \\ &当\ h_x < \frac{h}{2}\ 时 \quad r_x = (h - 1.53h_x)p \end{aligned}\right\} \tag{5.4}$$

5.2.2.2　两根等高平行避雷线的保护范围

两根等高平行避雷线的联合保护范围如图 5.8 所示，两线外侧的保护范围应按单线计算，两线横截面的保护范围可以通过两线 1、2 点及保护范围上部边缘最低点 O 的圆弧所确定，O 点的高度

$$h_0 = h - \frac{D}{4p} \tag{5.5}$$

式中：D 为两避雷线间距离，m；h 为避雷线高度，m；h_0 为 O 点高度，m；p 为高度影响系数，$h \leqslant 30$m 时，$p=1$，$30 < h \leqslant 120$m，$p = 5.5/\sqrt{h}$。

必要时，也可架设不等高避雷线，其保护范围可参见有关设计手册和规程。

避雷线一般用于输电线路的直击雷防护，常用保护角的大小来表示其对导线的保护程度。保护角是指避雷线和边相导线的连线与经过避雷线的垂直线之间的夹角。

在某些情况下，发电厂对直击雷的保护，也可由避雷针和避雷线联合构成。

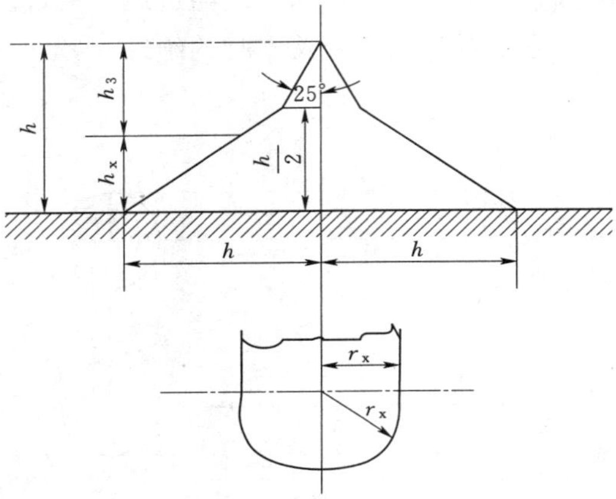

图 5.7　单根避雷线的保护范围

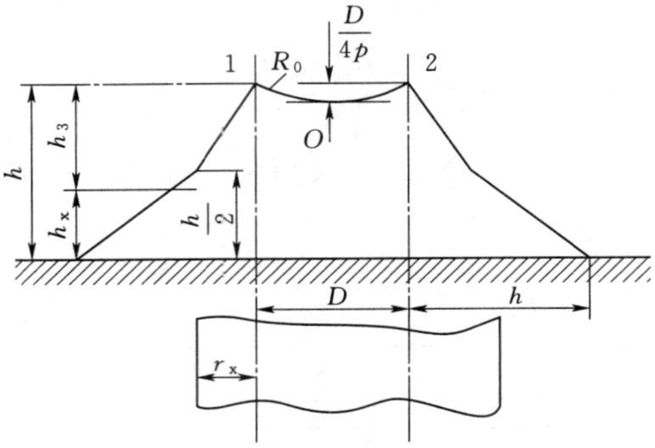

图 5.8　两根等高避雷线保护范围

5.2.3　避雷器

避雷器正常运行时，电阻呈无限大状态，不会对地短路；当雷电侵入波沿线路进入发电厂或变电所时，避雷器的电阻自动变得很小，使巨大的雷电冲击电流顺利入地，此时避雷器两端电压（称为残压）并不高，不会危及被保护设备的绝缘。冲击大电流过后，在一小段时间内，由线路正常工作电压驱动的电流（称为工频续流）也经过避雷器入地。这时避雷器自动恢复成很大的电阻，于是电力系统又恢复了正常运行。

避雷器与其所保护对象必须用伏秒特性来互相配合，才能达到预期效果。所谓伏秒特性就是避雷器或设备绝缘材料在一定电压波形作用下，击穿电压的峰值与击穿延迟时间的关系曲线，如图 5.9 所示。由于放电的分散性，图 5.9 中曲线变成带状。

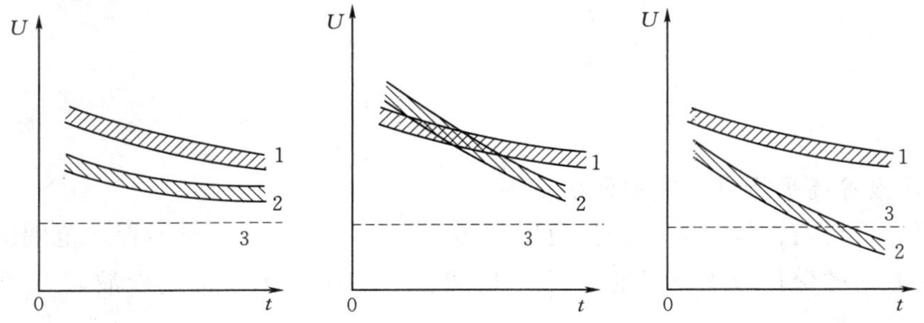

图 5.9　避雷器与被保护设备伏秒特性的配合

(a) 最佳配合；(b) 雷电侵入波电压过高时未配合；(c) 避雷器在电气设备最高工频电压时误动作

1—变压器伏秒特性；2—避雷器的伏秒特性；3—电气设备上可能出现的最高工频电压

图 5.9 (a) 中，避雷器的伏秒特性始终低于变压器的伏秒特性，并始终高于正常工作中电气设备可能出现的最高工频电压，这就是最佳配合。避雷器平时不会误动作，有雷电侵入波时则先行击穿放电，有效地保护了变压器。而图 5.9 (b) 就没有配合好，当侵入波电压过高时，变压器先击穿了。图 5.9 (c) 也不好，在出现正常的最高工频电压时，避雷器就误动作了。

图5.10所示为220kV电力设备用普通阀型避雷器绝缘配合图。通常发电厂、变电所的电气设备将会承受几种电压，分别为①最高工作电压；②内部过电压；③雷电过电压。若电气设备绝缘水平定得太高，虽然事故的次数和损失会小，但造价过高；反之，若将绝缘水平定得很低，造价虽小，但可靠性下降，事故次数增多，维修及损失增大。在这种技术与经济的矛盾中找到平衡点，使造价、维修费和事故损失三者总和最小，就是最佳的绝缘配合。

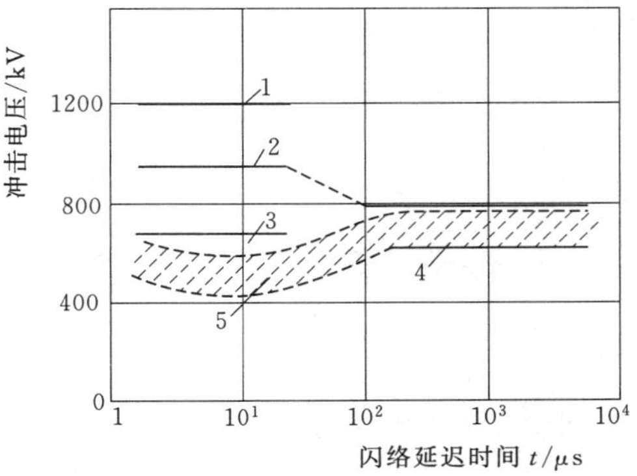

图5.10　220kV电力设备绝缘配合示意图

1—雷电侵入波过电压；2—电力设备绝缘水平；3—避雷器残压；4—电力系统操作过电压水平

对220kV及以下的系统，一般认为雷电过电压最危险，主要限压措施是选用残压合适的避雷器，而不必采用专门限制内部过电压措施。对330kV及以上系统，认为操作过电压幅值很大，构成了主要危险，因此要有专门限制内部过电压的措施，如并联电抗器，断口有并联电阻的断路器等。对电气设备最危险的是谐振过电压。在绝缘配合中并不考虑谐振过电压，否则代价太高了，而应在系统设计和运行中避免和消除产生谐振的条件。避雷器冲击放电电压与工频放电电压（峰值）之比，叫做避雷冲击系数。冲击系数越小，伏秒特性越平缓，越容易与被保护设备配合好。

常见的避雷器有保护间隙、管型避雷器、阀型避雷器及氧化锌避雷器。保护间隙和管型避雷器主要用于限制大气过电压，一般用于配电系统、线路和发电厂、变电所进线段的保护。阀型避雷器用于变电所和发电厂的保护，在220kV及以下系统主要用于限制大气过电压，在超高压系统中还用来限制内部过电压或作内部过电压的后备保护。氧化锌避雷器也是阀型避雷器，是当前最先进的过电压保护设备。

5.2.3.1 保护间隙

保护间隙由两个间隙（即主间隙和辅助间隙）组成，常用的角型间隙是与其被保护设备相并联的。3kV、6kV及10kV电网中常用的角型保护间隙如图5.11所示，其主间隙的距离分别为8mm、15mm、15mm。为使被保护设备得到可靠保护，间隙的伏秒特性上限应低于被保护设备绝缘的冲击放电伏秒特性的下限并有一定的安全裕度。

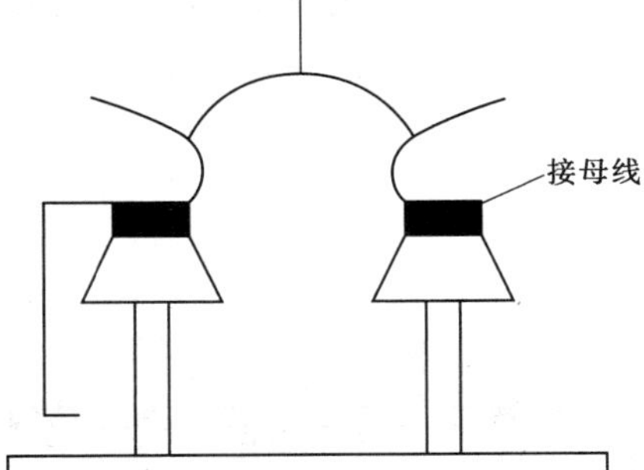

图5.11　角型保护间隙

当雷电波侵入时，间隙先被击穿，工作母线接地，避免了被保护设备上的电压升高，从而保护了设备。过电压消失后，间隙中仍有由工作电压所产生工频电弧电流（即工频续流），此电流是间隙安装处的短路电流，由于间隙的熄弧能力较差，往往不能自行熄灭，将引起断路器跳闸。这样，虽然保护间隙限制了过电压，保护了设备，但将造成线路跳闸事故，这是保护间隙的主要缺点。为此保护间隙只能用于熄灭

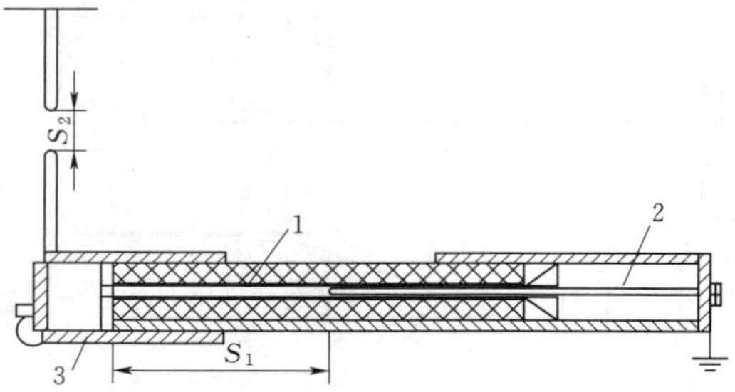

图 5.12　管型避雷器

中性点不接地系统较小的单相接地电容电流。

5.2.3.2　管型避雷器

管型避雷器实质上是一种具有较高熄弧能力的保护间隙，其结构如图 5.12 所示。它有两个相互串联的间隙，一个在大气中称为外间隙 S_2，其作用是隔离工作电压，避免产气管 1 被流经管子的工频泄漏电流烧坏；另一个间隙 S_1 装在管内称为内间隙或灭弧间隙，其电极一为棒形电极 2，另一为环形电极 3。

管型避雷器的熄弧能力与工频续流大小有关，续流过小产气不足，不能吹灭电弧；续流过大产气过多，管内气压过大会造成管子炸裂。故管型避雷器切断工频续流有上下限的规定，通常在型号中表明。管型避雷器还与管子材料、内径和内间隙大小有关。使用时必须核算安装处在系统各种运行情况下短路电流的最大值，管型避雷器的熄弧电流上下限应分别大于和小于短路电流的最大值和最小值。

管型避雷器的主要缺点为：

（1）伏秒特性较陡且放电分散性较大，而一般变压器和其他设备绝缘的冲击放电伏秒特性较平，两者不能很好配合。

（2）管型避雷器动作后工作母线直接接地形成截波，对变压器纵绝缘不利。

（3）其放电特性受大气条件影响较大，因此管型避雷器目前只用于线路保护，例如大跨越和交叉挡距以及发电厂、变电所的进线保护。

5.2.3.3　阀型避雷器

阀型避雷器的主要元件是火花间隙和非线性（阀性）电阻，二者串联叠装在封闭的瓷套中。

阀型避雷器的火花间隙采用多个平板电极的单间隙相串联，每个间隙的结构如图 5.13 所示。图中上下两片是黄铜制成的圆形平板电极，中间用 0.5～1mm 厚的云母垫圈隔开，电极中央部分为工作部分。这种间隙的放电伏秒特性较平缓，分散性小，用来保护具有平缓伏秒特性的设备时，就不致发生绝缘配合的困难。

阀性电阻一般由碳化硅（SiC）和黏合剂等烧结成的多个饼状阀片相叠组成，其电阻呈非线性，即流过大电流的电阻变小，而流过小电流时电阻变大。其伏安特性如图 5.14 所示，可用公式表示为

$$U = CI_E^{\alpha} \tag{5.6}$$

式中：U 为阀性电阻上的电压；I_E 为通过阀性电阻的入地电流；C 为与工艺和材料有关的常数，它也和阀片的截面及厚度有关；α 为非线性系数，$0<\alpha<1$，一般在 0.2 左右，α 越小说明非线性程度越高。

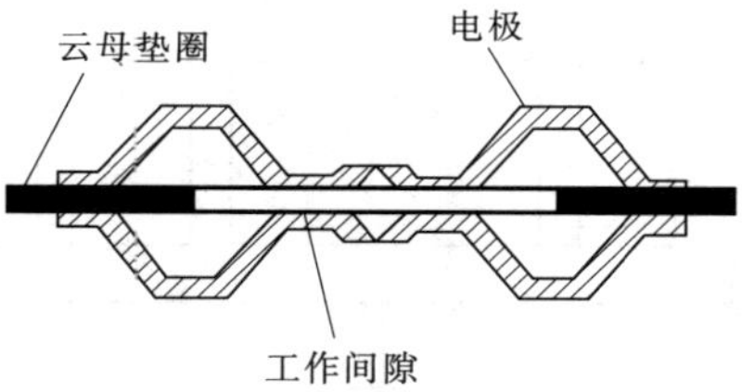

图 5.13　单个火花间隙

正常工作时，火花间隙将带电部分与地隔开，火花间隙的工频放电电压应高于安装处的最高工作电压，以避免正常运行时误动作。当过电压幅值超过避雷器

的冲击放电电压时，火花间隙被击穿，冲击电流经阀性电阻泄入大地。当通过雷电流的最大值为 I_{sh} 时，避雷器的残压为 U_{re}。只要避雷器的冲击放电电压和残压低于被保护设备绝缘的冲击耐压水平，设备就可以得到保护。

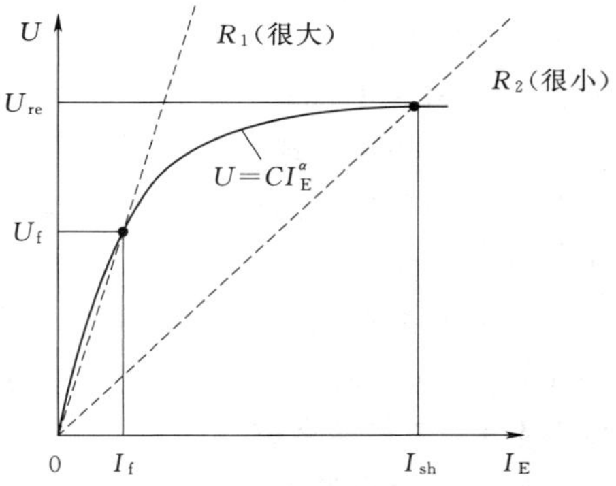

图 5.14　阀性电阻的伏安特性

图 5.14 中，I_f 代表避雷器能够可靠切断的工频续流，当加到避雷器上的工频电压不大于 U_f 时，火花间隙中的电弧就能被熄灭。避雷器能可靠灭弧的最大允许工频电压 U_f，称为避雷器的灭弧电压。残压与灭弧电压之比，称为保护比 K_p。保护比 K_p 越小，表明在一定的灭弧电压之下残压越低，避雷器性能越好。为了减小残压，要求泄放雷电流时阀性电阻值（图中 R_2）越小越好。

冲击放电电压和残压是避雷器性能的两个重要指标。避雷器的灭弧电压必须高于避雷器安装点的最高工作电压，确保能够顺利熄灭工频续流电弧。

阀型避雷器分为普通阀式和磁吹阀式。普通阀式避雷器靠间隙自然灭弧，允许的工频续流小，一般在 80A 左右。磁吹阀式的间隙采用磁场力吹弧灭弧，允许的工频续流较大，一般在 450A 左右。磁吹阀式避雷器的性能优于普通阀式避雷器。

普通阀型避雷器有 FS 和 FZ 两种系列。FS 系列主要用保护小容量的 3～10kV 配电装置中的电气设备，其伏秒特性较陡，通流容量小，图 5.15 为 FS3－10 型阀型避雷器的结构示意图。

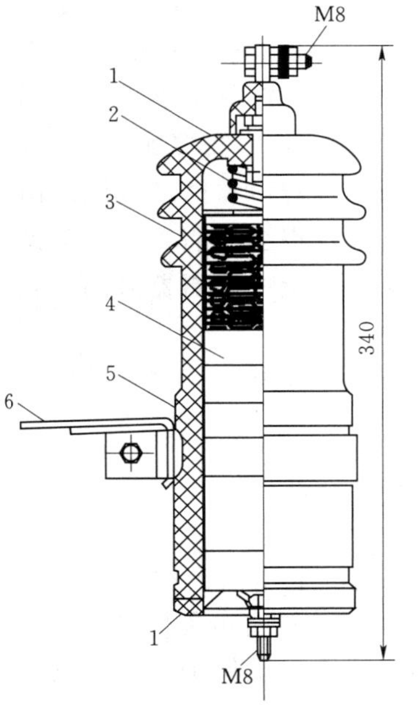

图 5.15　FS3－10 型阀型避雷器的结构示意图（尺寸单位：mm）

1—密封橡胶；2—压紧弹簧；3—间隙；4—阀片；5—瓷套；6—安装卡子

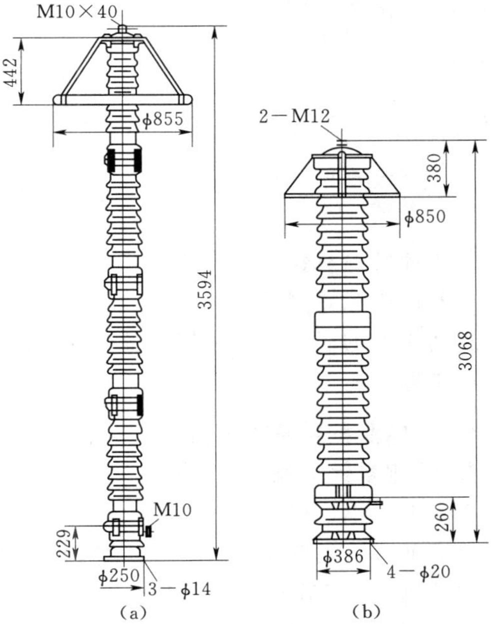

图 5.16　阀型避雷器的外形及安装尺寸（尺寸单位：mm）

(a) FZ－110J 型普通电站用阀式；(b) FCZ3－220J 型磁吹电站用阀式

FZ 系列主要用于保护发电厂和变电所的变压器及电气设备，额定电压等级为 3～220kV。额定电压 35～220kV 的避雷器由 FZ－15、FZ－20 和 FZ－30J 这三种标准单元串联组成。图 5.16（a）为 FZ－110J 型阀型避雷器的外形及安装尺寸，它由四个 FZ－30J 串联而成。由于串联元件的增加，冲击电压沿各单元的分布变得很不均匀，使冲击放电电压降低，所以在成组阀型避雷器的顶端装设均压坏，改善其冲击电压分布，提高冲击放电电压。

磁吹阀型避雷器分为电站用的 FCZ 型和保护旋转电机的 FCD 型。图 5.16（b）为 FCZ3－220J 型阀型避雷器的外形及安装尺寸。

5.2.3.4 氧化锌避雷器

氧化锌避雷器中没有串联放电间隙，主要由氧化锌（ZnO）非线性电阻片组装而成，有十分良好的非线性特性。在正常工作电压下，具有很高的电阻，仅有几百 μA 的电流通过；在遭受雷电等过电压时，电阻变得很小，而泄放完雷电流后又立即恢复为高阻状态。普通碳化硅（SiC）、氧化锌（ZnO）和理想避雷器的伏安特性对比如图 5.17 所示。

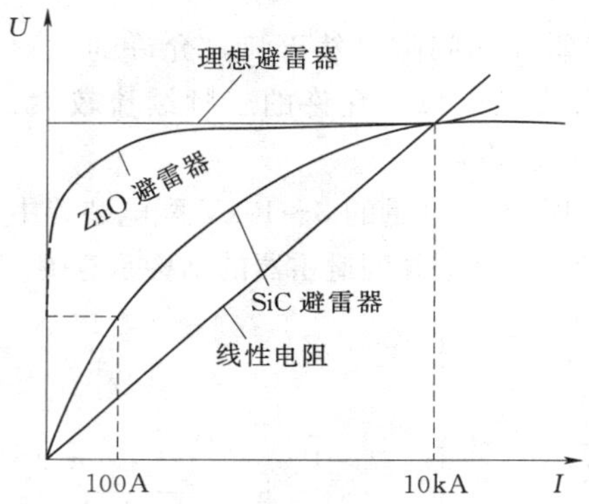

图 5.17 SiC、ZnO 和理想避雷器的伏安特性曲线对比

与传统的 SiC 避雷器相比，ZnO 避雷器具有动作迅速、残压低、通流容量大、实际上无续流、结构简单、可靠性高、维护简便等优点，零部件减少 40%～50%，性能稳定、重量减轻 50%～60%，保护性能改善 10%～15%，放电容量增大 30%～40%，并设有防爆装置，可防止瓷套损坏。由于氧化锌避雷器没有串联间隙，阀片不仅要承受瞬时性的雷电过电压和操作过电压，还要长期耐受正常的运行相电压。虽然平时通过的电流很小，但仍存在老化、寿命和热稳定问题，这是需要加以注意的。

图 5.18 为高压氧化锌避雷器的结构图。由基本元件、均压环（192kV 及以上产品）、绝缘底座组成，基本原件由氧化锌电阻片串联而成，额定电压在 96kV 及以上的避雷器采用环状电阻片，中间用绝缘棒固定。

目前生产的氧化锌避雷器大部分无间隙。但也有一些带并联间隙和串联间隙的金属氧化锌避雷器。

5.2.4 防雷保护装置的设置

5.2.4.1 避雷针（线）的设置

在发电厂中，屋外布置的电力变压器、配电装置、发电机电压引出线，以及油处理室、露天油罐、主变压器修理间、易燃易爆材料仓库等，均应装设直击雷保护装置。主厂房、主控制室和 35kV 及以下的屋内配电装置，一般不需设置直击雷保护装置，仅将其屋顶金属结构接地即可。

避雷针（线）可分为独立避雷针（线）和架构避雷针（线）两种。避雷针（线）的设置应注意以下几点：

（1）独立避雷针与电气设备的带电部分、电气设备的外壳、架构和建筑物的接地部分

之间的空中距离 S_k 应不小于 5m，其接地装置与被保护物体的接地体之间的地中距离 S_d 应不小于 3m。这是因为避雷针落雷时其引下线泄放雷电流瞬间具有很高的电位，可能会对较近的被保护物放电或者对被保护物接地装置放电（这种情形称为反击），如图 5.17 所示。

（2）独立避雷针的接地装置一般是独立的，不与被保护对象的接地体相连，其工频接地电阻应不大于 10Ω。当不能满足要求时，其接地装置可与主接地网相连，但应保证其与主接地网的连接点远离 35kV 及以下设备接地线与主接地网的连接点（两者之间沿接地体的长度不小于 15m）。否则，避雷针上落雷时主接地网电位升高会造成反击。

（3）对于土壤电阻率小于 1000Ω·m 的地区的 110kV 及以上配电装置，为降低造价并简化布置，也可将避雷针装设在配电装置架构上，称为架构避雷针。其接地除了利用主接地网外，还应在其附近装设集中接地装置。35kV 及以下配电装置绝缘水平较低，不宜设架构避雷针，以免发生反击。

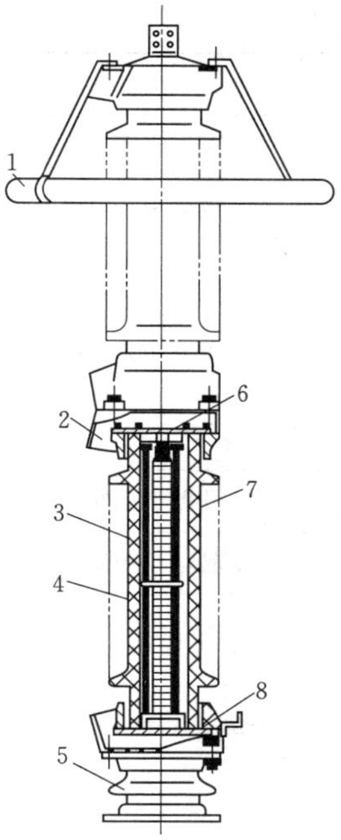

图 5.18 高压氧化锌避雷器的结构图
1—均压环；2—喷弧口；3—ZnO 电阻片；4—绝缘支杆；5—绝缘底座；6—压力释放装置；7—瓷套；8—密封圈

（4）110kV 及以上配电装置，可将保护线路的避雷线直接引到出线门型构架上，但土壤电阻率大于 1000Ω·m 的地区应装设集中接地装置。

（5）35kV 配电装置在土壤电阻率不大于 500Ω·m 的地区，允许将线路避雷线引到出线门型架上，亦应装设集中接地装置。在土壤电阻率大于 500Ω·m 的地区，线路避雷线应架设到线路终端杆为止，终端杆到配电装置的一档线路，则采用独立避雷针保护（也可在线路终端杆上装设避雷针）。

（6）在变压器的门型构架上不得装设避雷针（线），而且任何避雷针（线）与主接地网的地下连接点到变压器接地线与主接地网的地下连接点，沿接地体的长度不应小于 15m，以防止变压器低压绕组的绝缘遭到反击破坏。

（7）如果需要在主厂房上装避雷针来保护发电机到变压器的连线时，为了防止反击，除应装设集中接地装置外，还应采取加强分流、避雷针的引下线远离电气设备及其接地点等措施，并应在靠近避雷针的发电机出口，装设一组磁吹式避雷器。

（8）独立避雷针不应设在人员经常通行的地方，并应距道路不小于 3m。否则，应采取均压措施或铺设砾石或沥青路面。

5.2.4.2 避雷器的设置

各类避雷器的性能不同，各自的应用范围可参考表 5.1。

避雷器一般按以下的规定配置：

（1）配电装置的每组母线上均应装设避雷器，就近接入主接地网，并加设集中接地装置。

表 5.1　　各类型避雷器的应用范围

型号	型　式	应用范围
FS	配电用普通阀型	10kV 及以下的配电系统
FZ	电站用普通阀型	3～220kV 发电厂、变电所的配电装置
FCZ	电站用磁吹阀型	(1) 330kV 及以上配电装置； (2) 220kV 及以下需要限制操作过电压的配电装置； (3) 降低绝缘的配电装置； (4) 布置场所特别狭窄或高烈度地震区； (5) 某些变压器的中性点
FCX	线路型磁吹阀型	330kV 及以上配电装置的出线上
FCD	旋转电机用磁吹阀型	发电机、调相机等（屋内安装）
Y 系列	金属氧化物（ZnO）阀型	(1) 同 FCZ、FCX 与 FCD 型磁吹阀型避雷器的应用范围①； (2) 并联电容器组、串联电容器组； (3) 高压电缆； (4) 变压器和电抗器的中性点； (5) 全封闭组合电器； (6) 频繁切合的电动机

① 对非直接接地系统，多在特殊情况下（如弱绝缘、频繁动作或需要释放较大能量）使用金属氧化物避雷器。

(2) 旁路母线上是否需要装设避雷器，应视当旁路母线投入运行时，避雷器到被保护设备的电气距离是否满足要求而定。

(3) 330kV 及以上变压器和并联电抗器处必须装置避雷器，并应尽可能靠近设备本体。

(4) 220kV 及以下变压器到避雷器的电气距离超过允许值时，变压器附近应增设一组避雷器。

(5) 三绕组变压器中压侧或低压侧可能会开路运行时，应在其出线处设置一组避雷器。

(6) 自耦变压器必须在其两个自耦合的绕组上装设避雷器，位置在变压器与断路器之间。

(7) 单元连接的发电机与变压器之间的母线桥（或组合导线）无屏蔽部分长度大于 50m，应在发电机侧每相装设 0.15μF 电容器或磁吹避雷器。保护高压旋转发电机用的避雷器，应具有较低的冲击放电电压和残压，通常采用 FCD 型磁吹避雷器。

(8) 容量为 25MW 及以上有直配线的发电机，应在每台电机出线处装一组避雷器。25MW 以下有直配线的发电机应尽量将母线上的避雷器靠近发电机装设或装在电机出线上。如果发电机出口处靠近避雷针引下线，则也应装一组避雷器以防发生反击。

(9) 发电厂、变电所 35kV 及以下电缆进线段，在电缆与架空线的连接处应装设避雷器。

(10) SF_6 全封闭组合电器的架空线路侧必须装设避雷器。

(11) 在不接地的直配线发电机中性点上应装设一台避雷器。避雷器型号可参考表 5.2 选取。

表 5.2　　有直配线的发电机中性点不接地时避雷器的选择

电压等级/kV	3		6		10		
避雷器型式	FCD-2	FZ-2	FCD-4	FZ-4	FCD-6	FZ-6	FS-6

（12）下列情况的变压器中性点应装设避雷器：

1）直接接地系统中，变压器中性点为分级绝缘且装有隔离开关时。

2）直接接地系统中，变压器中性点为全绝缘，但变电所为单进线且为单台变压器运行时（因多路进线可以分流雷电流）。

3）不接地和经消弧线圈接地系统的中性点一般不必装设，但多雷区且单进线变压器中性点需装设。

保护变压器中性点的避雷器可参照表 5.3 选取。

表 5.3　　变压器中性点绝缘水平及配用阀性避雷器

变压器额定电压/kV	中性点直接接地（全绝缘）			中性点直接接地（分级绝缘且有隔离开关）					
	35	63	110	110		220	330		500
中性点绝缘水平/kV	35	63	110	35	110	110	＜154	154	＜220
避雷器型式	(FZ-15+FZ-10) FZ-30 FZ-35	FZ-40 FZ-60	FZ-110J 4F×Z-15	FZ-40 推荐用氧化锌避雷器	FZ-110J FZ-60	FZ-110J FCZ-110	推荐用氧化锌避雷器	FZ-154J FCZ-154J	推荐用氧化锌避雷器

5.3　接地原理与接地装置

5.3.1　接地概念及分类

电位的高低是相对的，需要一个参考点，即零电位。大地是一个导体，在其中没有电流流过时，整个大地是等电位的。因此，人们就把大地视为零电位，即作为电位的参考点。由于运行和安全的需要，常将电力系统及其电气设备的某部分与大地相连接，这就是接地。埋入大地并直接与土壤接触的金属导体称为接地体，电气设备的接地部分与接地体相连接的金属导体称为接地引线，接地体和接地引线合称接地装置。

电气设备的接地，按其作用可分为工作接地、保护接地和防雷接地三类。

（1）工作接地。为了保证电力系统正常运行，将电力系统中的某些点加以接地。例如：在中性点直接接地系统中将变压器星形绕组的中性点接地；电压互感器一次侧线圈的中性点接地等。

（2）保护接地。将电气设备的外壳或装设电气设备的架构等金属部件加以接地，称为保护接地，也叫安全接地。这是为了避免设备绝缘损坏时工作人员触及而发生触电事故。对高压设备，保护接地电阻不宜超过 10Ω，对于低压设备，则不宜超过 1Ω。

（3）防雷接地。避雷针、避雷线、避雷器等防雷设备接地，是为了将雷电流顺利导入地下，以减少雷电流引起的过电压，防止雷电流使人受到电击或财产遭受破坏等。

这三种接地有时是难以分开的，都要用一些接地装置来实现。接地装置的接地体可分为自然接地体和人工接地体。

（1）自然接地体。埋设在水下或地中的各种构筑物金属部件，包括金属管道、井管、金属结构和钢筋混凝土基础等，可作为接地装置的自然接地体。但可燃液体或气体的金属管道除外。

（2）人工接地体。人工接地体是专门为接地需要而在地下埋设的接地体。人工接地体有垂直和水平两种敷设方式。垂直接地体一般用长约 2.5～3m 的角钢、圆钢或钢管垂直打入地下，上端埋入地下 0.3～0.5m，以使接地电阻不因冬季土壤表面冻结和夏季水分蒸发而引起很大变动。水平接地体多用扁钢（宽 20～40mm，厚不小于 4mm）或直径不小于 6mm 的圆钢在地中水平敷设，埋于地下 0.5～1.0m 处。

对于有强烈腐蚀性的土壤，接地体的接地线厚度和截面应适当加大，或采取镀锌、镀锡等防腐蚀措施。由于水平接地体施工比较方便，所以接地网常以水平接地体为主，并组成网格形，使地面电位比较均匀，另辅之以若干垂直接地体，两者组成复式接地网。

一般情况下，应该首先利用自然接地体，在接地电阻达不到要求时，可加设一些人工接地体，连成总接地网。为减小接地电阻，要求所有的连接应采用焊接。对于大接地短路电流系统的发电厂和变电所，必须装设人工接地体构成全厂统一接地网。总接地网的接地电阻主要根据工作接地的要求来决定（因其要求的接地电阻值最小），同时也可满足保护接地和防雷接地的要求。但是独立避雷针则应单独设置自己的接地体。

5.3.2　接地电阻

接地电阻是指接地电流经接地体泄到大地中所遇到的电阻。图 5.19（a）是电流通过单个垂直接地体的情况，接地电流 I_E 通过接地体向大地作半球形流散，形成电流场。由于半球形面积距接地体越远而越大，地中的电流密度越小，与此相应的单位长度大地散流电阻也越远越小。实验表明，在离开接地体 20m 左右的地方，流散电阻已趋近于零，地电位也趋于零。电位为零的地方，称为电气上的“地”或“大地”。电气设备外壳或接地体与“大地”间的电位差，就称为对地电压。

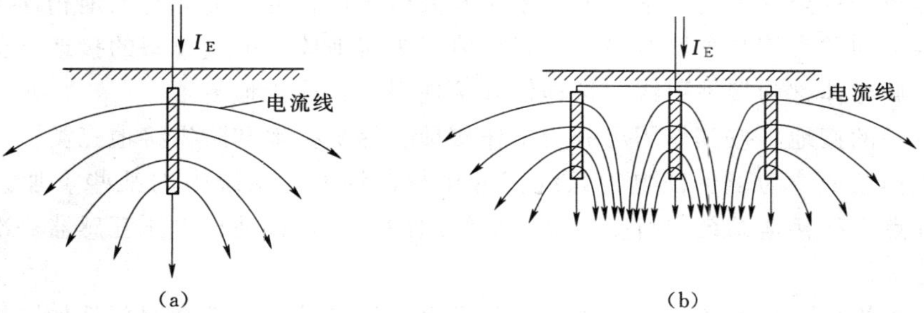

图 5.19　通过垂直接地体的入地电流示意图

（a）单支接地体；（b）3 支接地体，流散电流有屏蔽效应

对于相互间距离较小的多个垂直接地体，电流流散将受到限制，一组接地体总的电阻将大于各单一接地体电阻的并联值，这称为屏蔽效应，如图 5.19（b）所示。

接地装置的接地电阻，主要决定于接地体周围土壤的导电情况，除与土壤的成分直接有关外，还受土壤的温度、湿度等因素的影响。

5.3.2.1 工频接地电阻

工频接地电流所遇到的接地电阻称为工频接地电阻，是指在低频率小电流情况下，用接地电阻测量仪表所能量到的电阻。各种人工接地体工频接地电阻有相应的计算公式进行估算。

工频接地电阻的允许值是根据入地故障电流 I 的大小、接地装置上出现电压时间的长短、允许出现的对地电位和接触的机会多少而最终制定的。

5.3.2.2 冲击接地电阻

雷电流的特点是峰值高，且等值频率也高。当雷电流入地时，在接地体附近形成了极高的电场强度，会使土壤发生电弧或火花放电，使该区域内土壤电阻率大为降低，其效果相当于增大了接地体的几何尺寸。因此，同一接地装置的冲击接地电阻会小于其工频接地电阻；但另一方面，雷电流等值频率高则会因电感的存在而阻碍电流向接地体远端流通，使雷电流不能沿接地体全长向地中流散，这种效应又会使冲击接地电阻增大。一般冲击接地电阻可用下式表示：

$$R_{sh} = \alpha R \tag{5.7}$$

式中：R_{sh} 为冲击接地电阻，一般要求小于 10Ω；R 为工频接地电阻；α 为接地体冲击系数，其值在 0.2～1.25 范围内变化，多数情况下 $\alpha < 1$；当接地体很长时，也有 $\alpha > 1$（一次过分加长接地体并不能继续减小冲击接地电阻）；α 值可查有关手册。

5.3.3 接地电压和跨步电压

发生接地故障时，在接地点处电位最高；离接地点越远，电位越低，在半径约 20m 处可视为零电位。处于分布电位区域的人，可能有两种方式触及不同电位点而受到电击（如图 5.20）。当人触及漏电外壳，加于人手与脚之间的电压，称为接触电压 U_{tou}（通常按人站在距设备外壳水平距离 0.8m、手触及设备外壳 1.8m 高处来计算）。

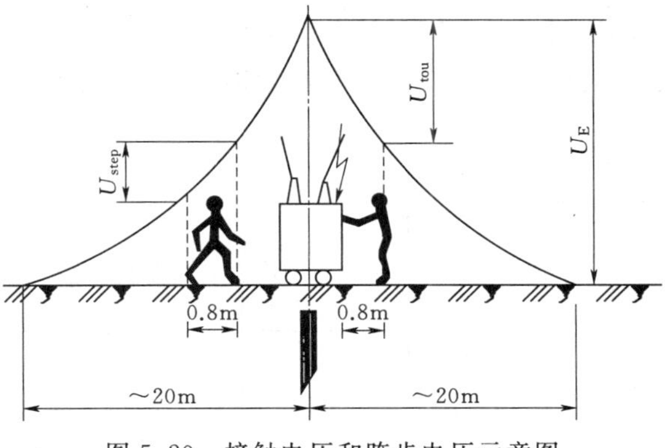

图 5.20 接触电压和跨步电压示意图

当人在分布电位区域径向跨开一步时，两脚间（约取 0.8m）所受到的电压称为跨步电压 U_{step}。

人体手脚间受到接触电压时，电流经过心脏，因此十分危险。人体可以耐受的接触电压允许值，与通过人体的电流值、持续时间的长短及地面土壤电阻率有关。

人体遭受跨步电压时，电流不经过心脏，因而跨步电压的允许值比接触电压允许值高些。

在大接地电流系统中，接触电压和跨步电压的允许值为

$$U_{tou}=(250+0.25\rho)/\sqrt{t}(\mathrm{V}) \tag{5.8}$$

$$U_{step}=(250+\rho)/\sqrt{t}(\mathrm{V}) \tag{5.9}$$

式中：ρ 为人脚站立处地面土壤的电阻率，$\Omega \cdot m$；t 为接地短路电流的持续时间，s。

在小接地电流系统中，单相接地故障不必迅速切除，故接触电压和跨步电压的允许值更小。

$$U_{tou}=50+0.05\rho(\mathrm{V}) \tag{5.10}$$

$$U_{step}=50+0.2\rho(\mathrm{V}) \tag{5.11}$$

在确定发电厂或变电所接地装置的型式和布置时，应考虑尽可能降低接触电压和跨步电压。

5.3.4 接地装置的布置

发电厂的电气设备很多，为了工作人员的人身安全，以下部分需要进行保护接地：

(1) 发电机、变压器、各种电器、照明器具、携带式及移动式用电器具等的机座和金属外壳。

(2) 互感器的二次线圈。

(3) 配电盘和控制盘的框架。

(4) 室内外配电装置金属构架和钢筋混凝土构架，靠近带电部分的金属围栏和门。

(5) 交、直流电力电缆的接线盒、终端盒的金属外壳，电缆的金属外皮及穿线钢管。

(6) 铠装控制电缆的金属外皮，非铠装或非金属护套电缆的1～2根屏蔽芯线。

发电厂的接地装置，除利用自然接地体或各种人工接地体外，还应装设水平敷设的人工接地网。人工接地网应围绕设备区域连成闭合形状，其面积大体与发电厂面积相同，并在其中敷设若干均压带，如图5.21所示。水平接地网应埋在0.6m以下，以免受到机械损伤，并可减少冬季土壤表层冻结和夏季水分蒸发对接地电阻的影响。

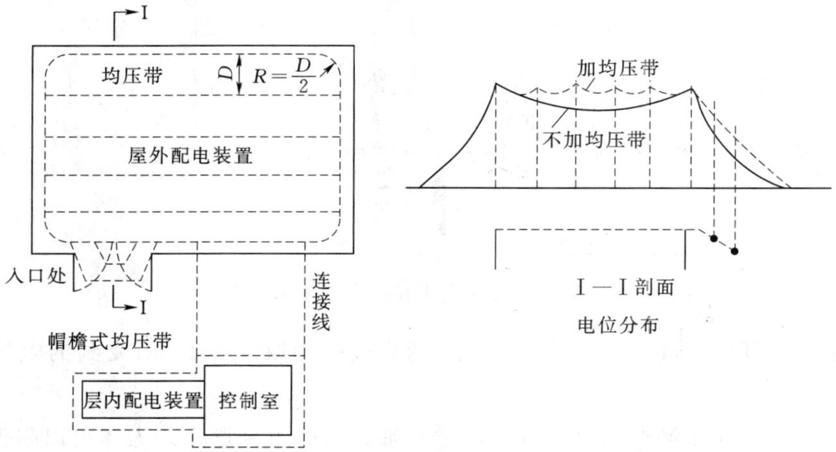

图5.21 发电厂水平闭合式接地网及其电位分布示意图

如果接地电阻难以达到规定要求时，为了减少接地装置的材料消耗和投资，在敷设人工接地体时可以采取一些措施，如敷设水下接地网等。

随着电力系统的发展，电力网的接地短路电流日益增大，大接地电流系统的发电厂内，接地网电位的升高已成为重要问题。为了保证人身安全，应采取以下均压措施：

(1) 因接地网边角外部电位梯度较高，边角外应做成圆弧形。

(2) 在接地网边缘上经常有人出入的走道处，应在走道下不同深度装设两条与接地网相连的“帽檐式”均压带，或将此处附近铺成高电阻率的路面。

习题与思考题

5.1 电力系统中过电压有哪几种形式？如何防护？

5.2 避雷针（线）的设置应注意哪些问题？

5.3 避雷针和避雷线的保护范围如何确定？

5.4 发电厂中哪些地方应设置避雷器？避雷器如何配置？

5.5 氧化锌避雷器和各种阀型避雷器的特点是什么？什么叫“残压”？如何进行绝缘配合？

5.6 电气装置接地的种类及其作用是什么？发电厂总接地网的接地电阻主要由什么要求决定？

5.7 什么叫接触电压？什么叫跨步电压？如何才能减少它们以确保人员安全？

第 6 章　配电装置及水电站电气总布置

6.1　配电装置概述

配电装置是发电厂的重要组成部分。它是由各种开关电器、保护电器、测量电器、母线和必要的辅助设备根据主接线图中的连接顺序组装而成，用来对电能进行汇集、分配和控制。

6.1.1　配电装置的类型及特点

配电装置按照设备安装地点分为屋内配电装置和屋外配电装置，按照设备结构组成分为装配式和成套式。

装配式配电装置是指在现场进行组装的配电装置。屋内装配式配电装置具有屋内配电装置的特点，屋外装配式配电装置具有屋外配电装置的特点。

成套式配电装置是指在制造厂已将所需电气设备装配成一个整体，运输到现场后连接起来即可投入运行。

6.1.1.1　屋内配电装置的特点

（1）安全净距小，可分层布置，占地面积小。

（2）维护、巡视和操作在室内进行，不受外界气象条件影响，比较方便。

（3）设备受气象及外界有害气体影响较小，可减少维护工作量。

（4）土建工程量大，投资大。

6.1.1.2　屋外配电装置的特点

（1）相邻设备之间的安全净距大，占地面积大，但便于带电作业。

（2）维护、巡视和操作受外界气象条件影响较大，工作环境较差。

（3）设备受气象及外界有害气体影响较大，运行条件较差，须加强绝缘，设备价格较高。

（4）土建工程量和费用较少，建设周期短，扩建较方便。

6.1.1.3　成套式配电装置的特点

（1）结构紧凑，占地面积小。

（2）运行可靠性高，维护方便。

（3）安装工作量小，建设周期短，而且便于扩建和搬迁。

（4）消耗钢材较多，造价较高。

大、中型发电厂中，35kV 及以下多采用屋内配电装置，并广泛采用成套式配电装置。110kV 及以上多为屋外配电装置。在严重污秽地区，110kV 或 220kV 也有采用屋内配电装置的。目前 110～500kV 电压等级中较为广泛地应用了 SF_6 全封闭组合电器(GIS)。

6.1.2 配电装置的设计原则与设计基本步骤

6.1.2.1 设计原则

无论选用哪种形式的配电装置，应满足如下设计原则：

(1) 配电装置的设计必须认真贯彻国家的技术经济政策，遵循国家颁发的有关规程、规范及技术规定，满足电气设备运行安全可靠，维护灵活方便的要求。

(2) 节约用地，因地制宜，充分利用地形，尽量减少土石方开挖工程量，少占或不占农田。在保证安全前提下，布置紧凑，力求节省材料和降低造价。便于分期建设和扩建。

(3) 应根据电力系统条件和自然环境特点，合理选择设备，合理制定布置方案，并积极慎重地采用新设备、新材料和新布置；保证各种电气的安全净距，布置整齐、清晰，各间隔（所谓间隔，是指配电装置中的一个电路，如进出线、分段或母联断路器等的连接导线及电器所占据的范围）之间有明显的界限。

(4) 保证人身安全和防火要求。例如有必要的保护接地、防误操作的闭锁装置、必要的标志、遮栏；有防火、防爆和蓄油、排油措施等。

(5) 安装、运输、维护、巡视、操作和检修方便。

6.1.2.2 基本步骤

设计配电装置，可依据如下基本步骤：

(1) 选择配电装置的型式

根据电压等级、电气设备的型式、进出线回路数和运行方式、有无电抗器、地形及环境条件等因素，选择配电装置的型式。

(2) 拟定配置图

将进线、出线、母联断路器、分段断路器、厂用变压器、互感器、避雷器等合理分配于各间隔，并表示出导体和电器在各间隔或小室中的轮廓，但不要求按比例尺寸绘制。配电图主要用来分析配电装置的布置方案和统计所用的主要设备。

(3) 设计配电装置的平面图和断面图

平面图是表示配电装置的各间隔、电器、通道、出口等平面布置轮廓。断面图是沿配电装置纵向（进出线方向）的断面侧视图，它表示配电装置电路中各设备的相互连接及具体布置。平、断面图均要求按比例绘制，并标明尺寸。平面图和断面图中设备之间的距离以最小安全距离作为依据，并遵守配电装置设计规程的相关规定。设备施工、安装、运行和检修都以平面图和断面图为依据，因此要求平面图和断面尺寸标注准确、设备布置顺序无误。

6.1.3 配电装置的安全净距

为了满足配电装置运行和检修的需要，各带电设备之间应相隔一定的距离。配电装置的整个结构尺寸，是综合考虑设备外形尺寸、检修和运输的安全距离等因素而决定的。配电装置各部分之间，为了确保人身和设备的安全所需的最小电气距离，称为安全净距。

安全净距中，最基本的是空气中不同相的带电部分之间和带电部分对接地部分之间的空间最小安全净距，即所谓的 A_1 和 A_2 值。最小安全净距是指在这一距离下，无论在正常最高工作电压或内、外过电压时，都不致使空气间隙击穿。A 值与电极的形状、

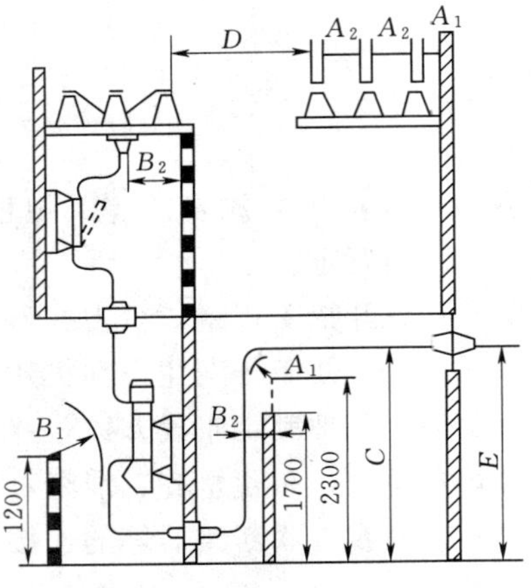

图 6.1 屋内配电装置安全净距校验图（单位：mm）

冲击电压波形、过电压及其保护水平、环境条件以及绝缘配合等因素有关。一般地说，220kV 及以下的配电装置大气过电压起主要作用；330kV 及以上内过电压起主要作用。当采用残压较低的避雷器（如氧化锌避雷器）时，A_1 和 A_2 值还可以减小。当海拔超过 1000m 时，按每升高 100m，绝缘强度增加 1%来增加 A 值。

对于敞露在空气中的屋内、外配电装置中各有关部分之间的最小安全净距分为 A、B、C、D、E 五类，如图 6.1 和图 6.2 所示。B、C、D、E 四类是在 A 值的基础上再考虑一些实际因素决定的。屋内、外配电装置中各有关部分之间的安全净距见表 6.1 和表 6.2。

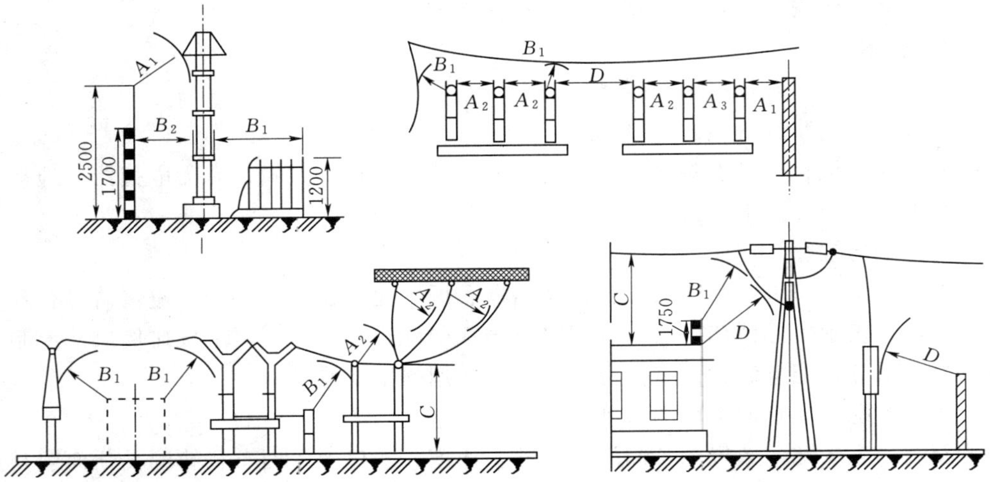

图 6.2 屋外配电装置安全净距校验图（单位：mm）

表 6.1 **屋内配电装置的安全净距** 单位：mm

符号	适用范围	额定电压									
		3kV	6kV	10kV	15kV	20kV	35kV	63kV	110J[①] kV	110kV	220J[①] kV
A_1[④]	（1）带电部分至接地部分之间；（2）网状和板状遮栏向上延伸线距地 2.3m 处，与遮栏上方带电部分之间	75	100	125	150	180	300	550	850	950	1800
A_2	（1）不同相的带电部分之间；（2）断路器和隔离开关的断口两侧带电部分之间	75	100	125	150	180	300	550	900	1000	2000

续表

符号	适用范围	额定电压									
		3kV	6kV	10kV	15kV	20kV	35kV	63kV	110J[①]kV	110kV	220J[①]kV
B_1	(1) 栅状遮栏至带电部分之间；(2) 交叉的不同时停电检修的无遮栏带电部分之间	825	850	875	900	930	1050	1300	1600	1700	2550
B_2	网状遮栏至带电部分之间[②]	175	200	225	250	280	400	650	950	1050	1900
C	无遮栏裸导体至地（楼）面之间	2375	2400	2425	2450	2480	2600	2850	3150	3250	4100
D	平行的不同时停电检修的无遮栏裸导体之间	1875	1900	1925	1950	1980	2100	2350	2650	2750	3600
E	通向屋外的套管至屋外通道的路面[③]	4000	4000	4000	4000	4000	4000	1500	5000	5000	5500

① 110J、220J 系指中性点直接接地电网。
② 当为板状遮栏时，其 B_2 值可取 A_1+30mm。
③ 当出线套管外侧为屋外配电装置时，其至屋外地面的距离，不应小于表 6.2 中所列屋外部分之 C 值。
④ 海拔超过 1000m 时，A 值应按要求进行修正。

表 6.2 屋外配电装置的安全净距 单位：mm

符号	适用范围	额定电压								
		3～10kV	15～20kV	35kV	63kV	110JkV	110kV	220JkV	230JkV	500JkV
A_1	(1) 带电部分至接地部分之间；(2) 网状和板状遮栏向上延伸线距地 2.5m 处，与遮栏上方带电部分之间	200	300	400	650	900	1000	1800	2500	3800
A_2	(1) 不同相的带电部分之间；(2) 断路器和隔离开关的断口两侧带电部分之间	200	300	400	650	1000	1100	2000	2800	4300
B_1	(1) 设备运输时，其外廓至无遮栏带电部分之间；(2) 交叉的不同时停电检修的无遮栏带电部分之间；(3) 栅状遮栏至绝缘体和带电部分之间[①]；(4) 带电作业时的带电部分至接地部分之间	950	1050	1150	1400	1650[②]	1750[②]	2550[②]	3250[②]	4550[②]
B_2	网状遮栏至带电部分之间	300	400	500	750	1000	1100	1900	2600	3900
C	(1) 无遮栏裸导体至地面之间；(2) 无遮栏裸导体至建筑物、构筑物顶部之间	2700	2800	2900	3100	3400	3500	4300	5000	7500

续表

符号	适用范围	额定电压								
		3～10kV	15～20kV	35kV	63kV	110JkV	110kV	220JkV	230JkV	500JkV
D	（1）平行的不同时停电检修的无遮栏带电部分之间；（2）带电部分与建筑物、构筑物的边沿部分之间	2200	2300	2400	2600	2900	3000	3800	4500	5800

注　1. 110J、220J、330J、500J 系指中性点直接接地电网。

2. 500kV 的 A_1 值，双分裂软导线至接地部分之间可取 3500mm。

3. 海拔超过 1000m 时，A 值应按要求进行修正。

4. 本表所列各值不适用于制造厂生产的成套配电装置。

① 对于 220kV 及以上电压，可按绝缘体电位的实际分布，采用相应的 B_1 值进行校验。此时，允许栅状遮栏与绝缘体的距离小于 B_1 值。当无给定的分布电位时，可按线性分布计算，校验 500kV 相间通道的安全净距，也可用此原则。

② 带电作业时，不同相或交叉的不同回路带电部分之间，其 B_1 值可取 A_2+750mm。

以下以屋内配电装置为例，来说明 B、C、D、E 四类安全净距是如何确定的。

B_1 为带电部分至栅栏的距离和可移动设备在移动中至带电裸导体的距离。$B_1=A_1+750$mm，其中 750mm 是指一般运行人员手臂误入栅栏的长度，设备移动时的摆动也不会大于此值。B_2 为带电部分至网状遮栏时，$B_2=A_1+30$mm$+70$mm，其中 70mm 是指一般运行人员手指误入网状遮栏时，手指长度不大于此值，30mm 是考虑施工误差。

C 值为无遮栏裸导体至地面的距离。$C=A_1+2300$mm，其中 2300mm 是指一般运行人员举手高度不超过此值。

D 值为不同时停电检修的无遮栏裸导体之间的水平净距。$D=A_1+1800$mm，其中 1800mm 是指一般检修人员和工具的允许活动范围。

E 值为屋内配电装置出现套管中心线至屋外通道路面的距离。35kV 及以下，$E=4000$mm，110kV 及以上 $E\geqslant A_1+3500$mm，其中 3500mm 为人站在载重汽车车厢上举手的高度。

实际工程中所采用的距离，通常要大于表 6.1 和表 6.2 中的数据。

6.2 屋内配电装置

屋内配电装置的结构形式除与电气主接线形式、电压等级、母线容量、断路器型式、进出线回路数、出线方式、有无电抗器等有密切关系外，还与安装、施工、检修、运行等方面有关。目前在设计工程中已形成了一些典型的布置型式。但随着新设备和新技术的不断发展和应用，运行、检修经验的不断丰富，也将会出现一系列新的配电装置的结构和型式。

6.2.1 屋内配电装置的布置型式和配置图

6.2.1.1 布置型式

屋内配电装置布置型式可分为下列三类：

(1) 单层式。单层式屋内配电装置就是把所有的电气设备都布置在一层上。它适用于6～10kV出线无电抗器及35～220kV的情况。它的特点是结构简单，施工时间短，造价低，运行、检修方便，但占地面积大。通常可采用成套开关柜。

(2) 二层式。二层式屋内配电装置就是把所有的电气设备分别布置在两层（二层、底层）中。断路器、出线电抗器等比较重的设备布置在底层，母线、母线隔离开关等设备布置在第二层。它的特点是结构较复杂，造价较高，检修较复杂，但占地面积较小。

(3) 三层式。三层式屋内配电装置就是把所有的电气设备分别布置在三层（三层、二层、底层）中。按设备的重量关系进行布置，母线和母线隔离开关布置在三层，断路器布置在二层，出线电抗器布置在底层。它的特点是结构复杂、施工时间长、造价高、运行检修不方便，但占地面积小。目前较少采用。

6.2.1.2 配置图

根据电气主接线图和选定的配电装置型式表示出各电气设备分布的间隔。如图6.3所示为6～10kV双母线三分段、出线带电抗器、断路器双列、二层式屋内配电装置配置图。

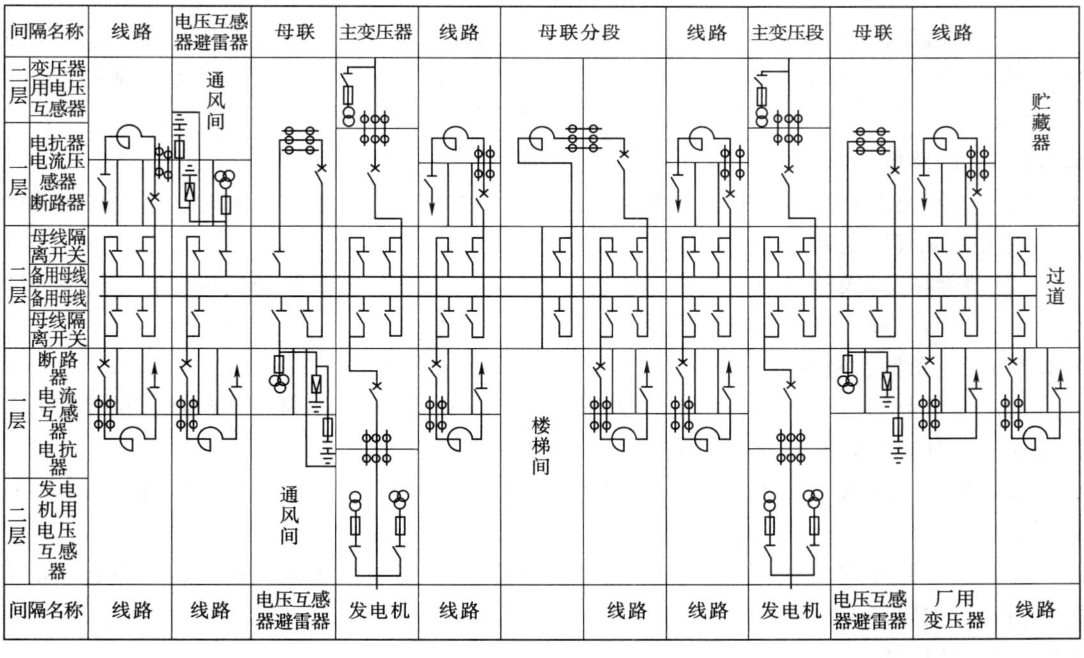

图6.3 6～10kV双母线三分段、出线带电抗器、断路器双列、二层式屋内配电装置配置图

设计配置图时应注意以下几个问题：

(1) 为了检修安全和限制故障范围，同一回路的设备应布置在同一间隔内。

(2) 电源进线尽量布置在每段母线的中部，使流过母线截面的电流较小。

(3) 较重的设备（如电抗器）布置在下层，以减轻楼板负重和便于安装。

(4) 充分利用间隔的位置，以节省投资。

（5）设备布置对称。

（6）便于扩建。

6.2.2　屋内配电装置布置的基本原则

屋内配电装置在布置时应结合实际的施工安装环境，利用有限的地理位置，合理地选择装置布置型式，使设备运行可靠、操作便利。

6.2.2.1　母线及隔离开关

（1）母线布置在配电装置的最上层，一般采用水平或垂直布置的形式。母线相间距离由不同电压等级的安全净距所决定。

（2）屋内配电装置母线多采用硬母线，在温度变化时会伸缩，所以，在安装时应允许母线在支柱绝缘子上蠕动。对较长的长母线，应加装母线补偿器，补偿器采用与母线材料相同的铜或铝制成，安装的个数与母线的长度有关，一般铝母线每 20～30m 安装一个补偿器。补偿器的作用就是防止在母线、绝缘子和套管中产生危险的应力。

（3）双母线接线中的两组母线在安装时应以垂直隔墙（或隔板）分开，以免在一组母线故障或检修时影响另一组母线工作。母线分段布置时，相邻两段母线之间也应以隔墙（或隔板）隔开。

（4）母线隔离开关一般装设在母线的下方。为了防止带负荷误拉隔离开关引起的飞弧造成母线短路，母线隔离开关与母线之间应装设耐火隔板或将母线隔离开关单独布置在一个小室内。

6.2.2.2　断路器

（1）油断路器在安装时应设在单独的小室中，如果断路器油量较大时，应设在密闭防爆小室中。成套配电装置中的断路器装设在开关柜中。

（2）断路器的操动机构设在操作通道内。手动和轻型远距离操动机构均装在间隔的壁上；重型远距离操动机构则落地装设。

6.2.2.3　互感器和避雷器

（1）电流互感器无论是干式或油浸式，一般都与断路器装在同一小室内，并尽量采用穿墙式电流互感器以兼作穿墙套管用。

（2）电压互感器一般单独占用专门间隔，但同一间隔内可装设几台不同用途的电压互感器。

（3）当母线接有架空线时，母线上应装设阀型避雷器，由于体积不大，可和电压互感器共用一个间隔，但应以隔层隔开。

6.2.2.4　电抗器

电抗器按照容量不同有三种不同的布置型式，分别为三相垂直布置、品字形布置、三相水平布置，如图 6.4 所示。通常线路电抗器采用垂直或品字形布置。由于电抗器 V 相线圈与 U、W 相线圈的缠绕方向相反，在垂直布置时，应将 V 相放在 U、W 相之间；在品字形布置时，不应将 U、W 相重叠在一起。这样，当外部发生三相短路时，电抗器相间的最大作用力为吸力而不是斥力，不至于损坏绝缘子（其抗压强度比抗拉强度大得多）。水平布置时，瓷绝缘子皆受到弯曲作用力，故各相布置没有次序要求。

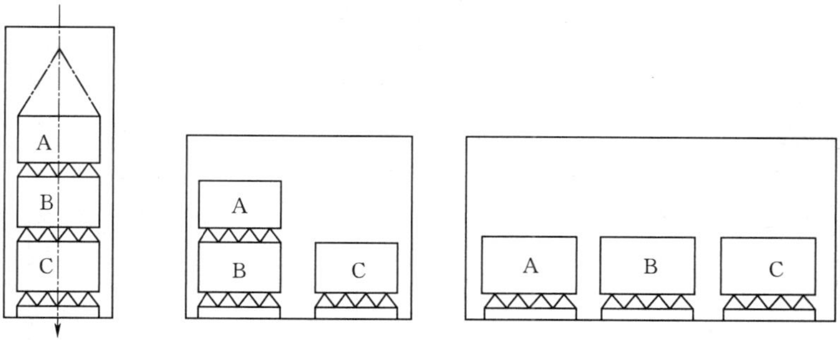

(a) (b) (c)

图 6.4 电抗器的布置型式
(a) 垂直布置；(b) 品字形布置；(c) 水平布置

6.2.2.5 电缆隧道及电缆沟

(1) 电缆隧道。电缆隧道为封闭狭长的构筑物，高 1.8m 以上，两侧设有数层敷设电缆的支架，可敷设较多的电缆，人在隧道内能方便地敷设和维护电缆。但其造价较高，一般大型电厂采用。

(2) 电缆沟。电缆沟为有盖板的沟道，沟宽、深均不足 1m，敷设和维护电缆时必须揭开盖板，不大方便，而且沟内容易积灰、积水。但其土建施工简单，造价低，在中、小型电厂和变电所广泛采用。

6.2.2.6 通道和出口

(1) 通道。屋内配电装置应设置用于断路器、隔离开关或就地控制屏操作的操作通道；电气设备维护检修和搬运的维护通道；与防爆小室相连的防爆通道。

(2) 出口。为保证工作人员的安全和工作便利，不同长度的屋内配电装置应设一定数目的出口。配电装置的长度小于 7m 时，可设一个出口；长度大于 7m 时，应设两个出口，最好设在两端；长度大于 60m 时，在中部增设一个出口，共设三个出口。配电装置室的门应为向外开的防火门，并装有弹簧锁，以便可从室内不用钥匙开门，如相邻配电装置之间有门，应能向两个方向开启。

6.2.2.7 采光和通风

屋内配电装置可以开窗采光和通风，但应采用防止雨、雪、风沙、污秽和小动物进入室内的措施；另外，应装设足够的事故通风装置，以排除事故时室内的烟气。

为确保设备及工作人员安全。根据相关规程规定，屋内配电装置应设置有“五防”功能的闭锁装置。“五防”是指：防止带负荷分、合隔离开关，防止带电挂地线，防止带地线合闸，防止误合、误分断路器及防止误入带电间隔等电气误操作事故。

6.2.3 屋内配电装置示例

因我国目前很少采用三层式的配电装置形式，所以主要举例说明单层式和二层式的屋内配电装置布置形式。

6.2.3.1 35kV 单层式屋内配电装置

35kV 单母线分段接线、单层、二通道布置的配电装置断面图如图 6.5 所示。

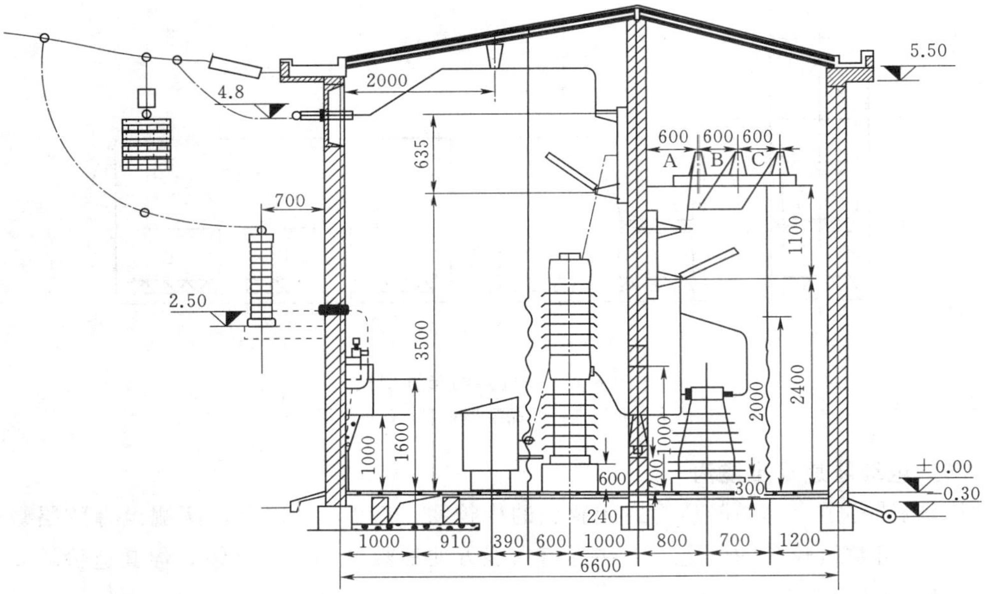

图 6.5　35kV 单母线分段接线、单层、二通道布置的配电装置断面图（尺寸单位：mm）

断路器、线路隔离开关与母线、母线隔离开关分别设在前后间隔中，中间以隔墙隔开，可减小事故影响范围；所有电器均布置在较低的位置，施工、维护、检修都比较方便；母线采用三相水平布置方式；断路器为单列布置，采用 SN10－35 型少油断路器，具有体积小、质量轻、占地面积小和投资省的优点；间隔前后设有操作和维护通道，隔离开关和断路器均在操作通道内操作；通道外墙上开窗，采光、通风都较好。缺点是单列布置的通道较长，巡视不如双列布置方便；对母线隔离开关监视不便。

6.2.3.2　6～10kV 二层式配电装置

6～10kV 双母线接线、电缆出线带电抗器、二层、二通道的配电装置断面图如图 6.6 所示。

母线Ⅰ、Ⅱ和隔离开关 1、2 布置在第二层，母线三相垂直排列，相间距离为 750mm。母线隔离开关 1、2 装在母线下方，母线与母线和母线隔离开关之间隔板隔开，以防止事故蔓延。第二层有两个维护通道，在母线隔离开关靠通道的一侧，设有网状遮栏，以便巡视。

断路器 4、6，电抗器 7 等笨重设备布置在第一层。断路器为双列布置，中间为操作通道，断路器及隔离开关均在操作通道内操作；电流互感器 5、8 采用穿墙式，兼作穿墙套管；出线电抗器 7 布置在电抗器小间，垂直叠放，下部有通风道，能引入冷空气（经底座上的孔进入小间），而热空气则从靠外墙上部的百叶窗排除；出线采用电缆经电缆沟引出，变压器（或发电机）回路采用架空引入。

该配电装置的主要缺点如下：

（1）上、下层发生的故障会通过楼板的孔洞相互影响。

（2）母线呈单列布置增加了配电装置长度，可能给后期扩建机组与配电装置的连接造成困难。

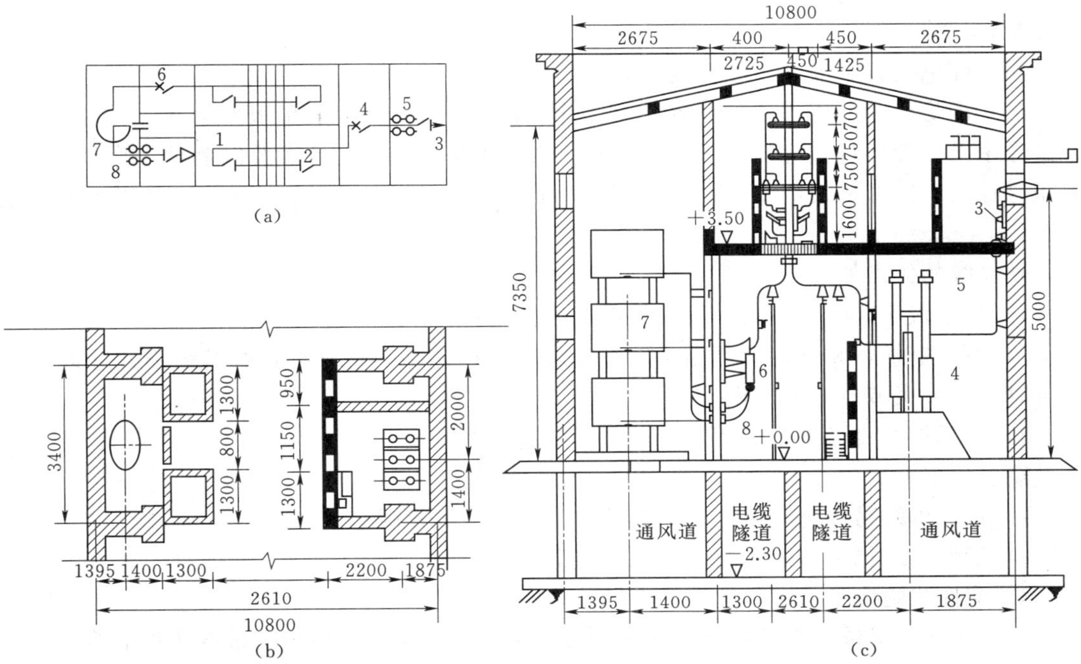

图 6.6　6～10kV 双母线接线、电缆出线带电抗器、二层、二通道的配电装置断面图（尺寸单位：mm）

(a) 配置图；(b) 平面图；(c) 断面图

1、2、3—隔离开关；4、6—断路器；5、8—电流互感器；7—电抗器

(3) 配电装置通风较差，需采用机械通风装置。

6.3 屋外配电装置

屋外配电装置就是将所有的电气设备和载流导体都安装在屋外露天的场地上。它的结构型式与电气主接线、电压等级、电气设备的结构型式、发电厂或变电所的地理位置等方面有关。

6.3.1 屋外配电装置的布置型式

屋外配电装置布置型式根据电气设备和母线的布置高度和重叠情况，可分为中型、半高型和高型。

中型布置的特点是将所有电器都安装在同一水平面内，并装在一定高度（2～2.5mm）的基础上，以保证地面上工作人员可以安全活动。

高型和半高型配电装置的母线和电器分别装在几个不同高度水平面上，并重叠布置。凡是将一组母线与另一组母线重叠布置，就称高型配电装置。如果仅将母线与断路器、电流互感器等重叠布置，则称为半高型配电装置。高型和半高型配电装置可大量节省占地面积，在 110kV 及 220kV 系统中得到了广泛应用。

6.3.2 屋外配电装置布置的基本原则

6.3.2.1 母线

屋外配电装置一般采用硬母线或软母线。

(1) 硬母线。厂用的硬母线有矩形、管形和组合管形，一般呈水平布置，安装在支柱式绝缘子上，管形母线应加装母线补偿器；当地震基本烈度为8度及以上时，管形母线宜采用悬挂式。矩形母线用于35kV及以下的配电装置；管形母线用于63kV及以上的配电装置。

硬母线的优点如下：

1) 弧垂极小，没有拉力，不需另设高达构架。

2) 不会摇摆，相间距离可缩小，节省占地面积，特别是管形母线与剪刀式隔离开关配合时，可大大节省占地面积。

3) 管形母线直径大，表面光滑，可提高起晕电压。

缺点如下：

1) 管形母线易产生微风共振，对基础不均匀下沉较敏感。

2) 管形母线挡距不能太大，一般不能上人检修。

3) 支柱式绝缘子防污、抗振能力较差。

对屋外的母线桥，当外物有可能落到母线上时，应根据具体情况采取防护措施，例如在母线上部设钢板护罩。

(2) 软母线。常用的软母线有钢芯铝绞线、扩径软管母线和分裂导线，三相呈水平布置，用悬式绝缘子悬挂在母线架构上。软母线的优点是可选用加大挡距（一般不超过3个间隔）；缺点是垂弧导致导线相间及对地距离增加，相应的母线构架及跨越线构架的宽度和高度均需加大。

6.3.2.2 构架

屋外配电装置中进出线、软母线多采用构架悬挂。根据布置形状可分为门形架、Π形架；根据悬挂对象可分为进出线架、母线架；根据材料可分为钢构架、钢筋混凝土构架。配电装置中母线、进出线之间距离，构架的高度都跟电压等级有关，有关尺寸可参考相关资料。

6.3.2.3 变压器

大中型电力变压器多采用落地布置，安装在钢筋混凝土基础上。为防止变压器发生事故时燃油流散、扩大事故，对用油量较大的变压器，应在其下面设储油池。

6.3.2.4 电气设备

电气设备按布置高度可分为低式布置和高式布置两种。低式布置是指电气设备安装在0.5～1m高的混凝土基础上，其优点是检修比较方便，抗震性能好；缺点是须设置围栏，影响通道畅通。高式布置是指电气设备安装在约2～2.5m高的混凝土基础上，不须设置围栏。

(1) 少油、空气、SF_6断路器有低式和高式布置。按断路器占据的布置位置，分为单列、双列和三列布置。

(2) 隔离开关和电流、电压互感器均采用高式布置。

(3) 避雷器有低式和高式布置。110kV 及以上的阀形避雷器，由于器身细长，采用低式布置，安装在 0.4m 高的基础上，并加围栏；磁吹避雷器及 35kV 的阀形避雷器，由于形体矮小，稳定性好，采用高式布置。

6.3.2.5 电缆沟

电缆沟的布置应使电缆所走的路径最短。

6.3.2.6 通道、围栏

(1) 为运输设备和消防的需要，在主设备近旁应铺设行车道。大、中型变电所内，一般均铺设宽 3m 的环形道或具备回车条件的通道。500kV 屋外配电装置宜设相间运输通道。

(2) 为方便运行人员巡视设备，应设置宽 0.8～1m 的巡视小道，电缆沟盖板可作为部分巡视小道。

(3) 高型布置的屋外配电装置，应设高层通道和必要的围栏，110kV 可采用 2m 宽的通道，220kV 可采用 3～3.6m 宽的通道。

(4) 发电厂及大型变电所的屋外配电装置周围宜设高度不低于 1.5m 的围栏，以防止外人任意进入。

6.3.3 屋外配电装置布置特点及示例

6.3.3.1 中型配电装置

(1) 普通中型配电装置。图 6.7 所示为 220kV 双母线进出线带旁路接线、合并母线架、断路器单列布置的普通中型配电装置平面图和断面图，其中断面图为一回出线间隔。除避雷器 12 为低式布置外，所有电器均布置在 2～2.5m 高的基础上。母线 1、2、9 采用钢芯铝绞线，用悬式绝缘子串悬挂在 ∏ 形母线架 17 上；构架由钢筋混凝土环形杆组成，两个主母线架与中央门形架 13 合并。

旁路母线架与出线门形架 14 合并，使结构简化。母线隔离开关 3、4 和旁路隔离开关 8 布置在母线的侧面，母线的一个边相离隔离开关较远，故其引下线设有支柱绝缘子 15；断路器 5 与主母线架之间设有环形道，检修、搬运设备和消防均方便。由于断路器采用单列布置，该配电装置的主要缺点是进线（虚线表示）出现双层构架，跨越多，降低了可靠性，并增加投资。

它的特点如下：

1) 所有电器都安装在同一水平面上，并装在一定高度的基础上。

2) 母线稍高于电器所在水平面，母线和电器完全不重叠。

优点如下：

1) 布置较清晰，不易误操作，运行可靠。

2) 构架高度较低，抗震性能好，检修、维护、施工、运行方便。

3) 所用钢材较少，造价较低。

而缺点是占地面积较大。

此种型式的配电装置广泛应用于 220kV 及以下电压等级。

(2) 分相中型配电装置。隔离开关分相直接布置在母线的正下方即为分相布置，这是与普通中型布置不同的地方。图 6.8 所示为 500kV、3/2 台断路器接线、断路器三列布置

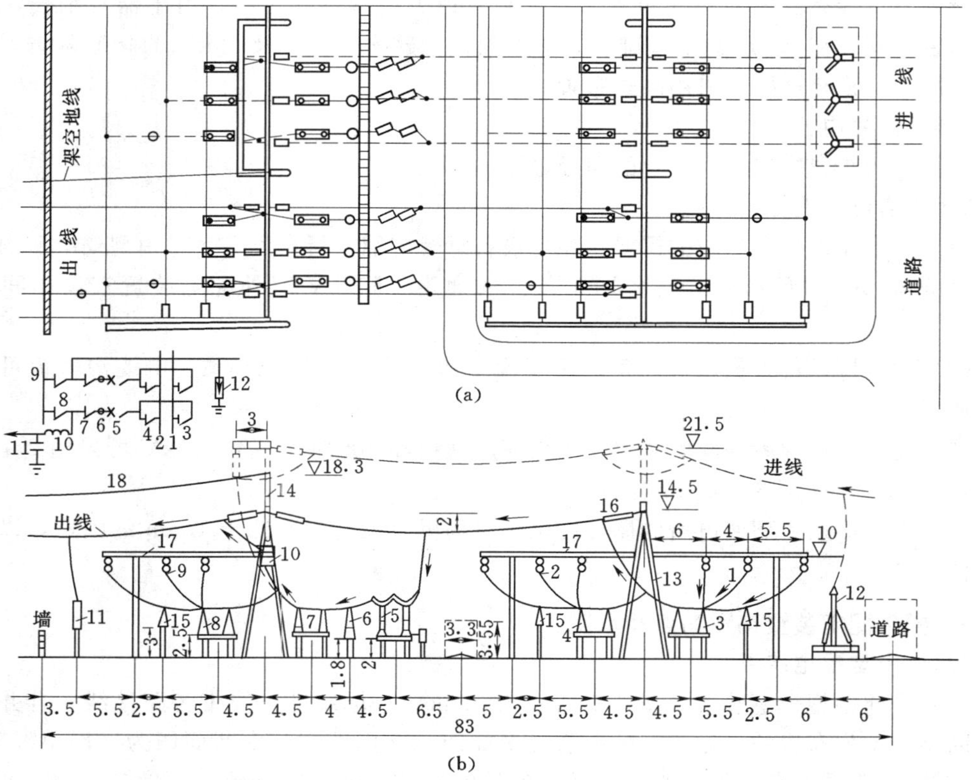

图 6.7　220kV 双母线进出线带旁路接线、合并母线架、断路器单列布置的普通中型配电装置图（尺寸单位：mm）

(a) 平面图；(b) 断面图

1、2—主母线；3、4、7、8—隔离开关；5—断路器；6—电流互感器；9—旁路母线；10—高频阻波器；11—耦合电容；12—避雷器；13—中央门形架；14—出线门型架；15—支柱绝缘子；16—悬式绝缘子；17—母线构架；18—架空地线

的分相中型配电装置断面图。它采用硬圆管母线 1，用支柱绝缘子支持安装在母线架上；采用单柱式隔离开关 2，其静触头垂直悬挂在母线或构架上；并联电抗器 9 布置在线路侧，可减少跨越。断路器采用三列布置。在每一间隔中设有两条相间纵向通道，在管形母线外侧各设一条横向通道，构成环形道路。为了满足检修机械与带电设备的安全净距及降低静电感应场强，所有带电设备的支架都抬高到使最低瓷裙对地距离在 4m 以上。

它除具有普通中型布置的优点外，还有接线清晰、构架高度降低、母线相间距离缩小、占地少（比普通中型节约用地 1/3 左右）等优点。

缺点是母线施工复杂，使用的柱式绝缘子防污、抗震能力差。

6.3.3.2　半高型配电装置

图 6.9 所示为 110kV 单母线、进出线带旁路、半高型布置配电装置断面图。该布置将旁路母线和旁路母线隔离开关抬高，并将部分电气设备布置在它的下方，另一组母线的下方布置搬运道路。

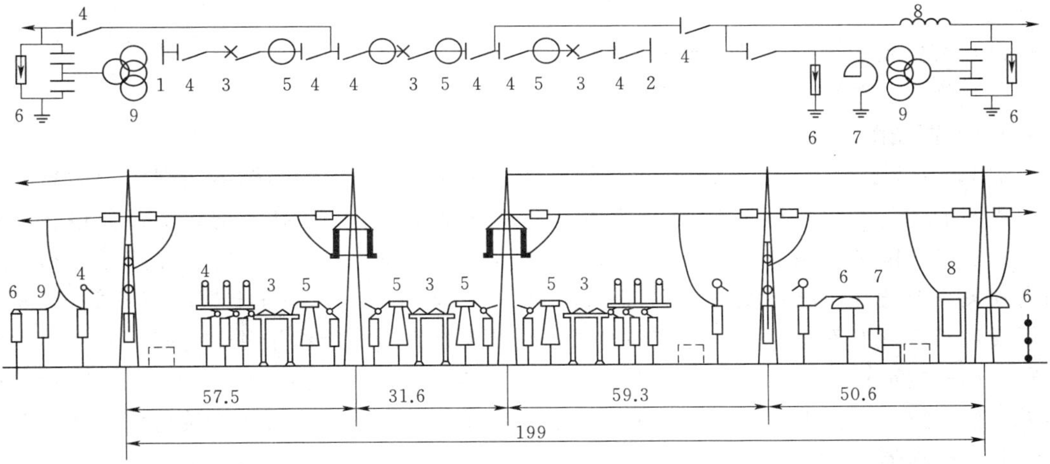

图 6.8 500kV、3/2 台断路器接线、断路器三列布置的分相中型配电装置断面图

（尺寸单位：mm）

1—管形硬母线；2—单柱式隔离开关；3—断路器；4—电流互感器；5—双柱伸缩式隔离开关

6—避雷器；7—电容式电压互感器；8—阻波器；9—并联电抗器

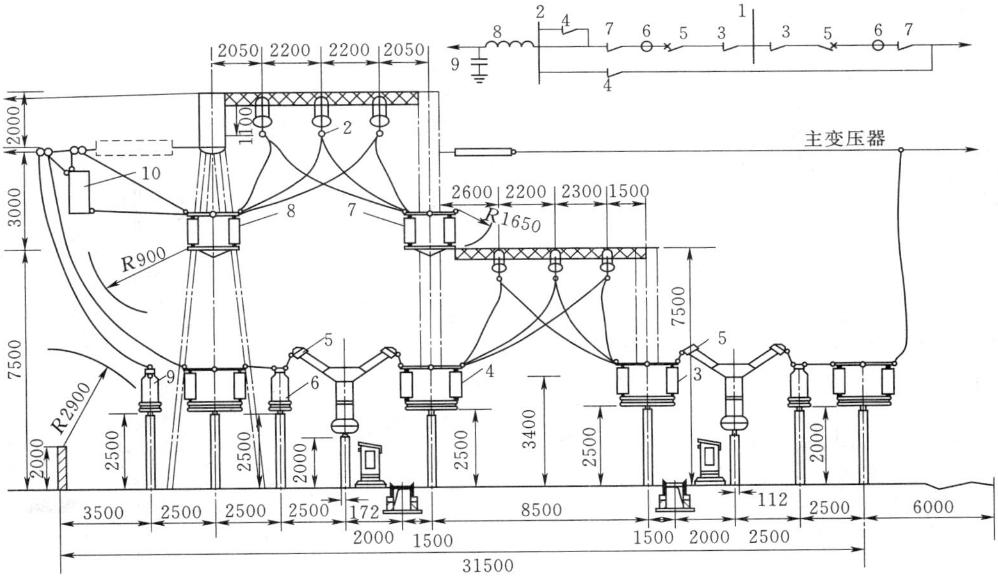

图 6.9 110kV 单母线、进出线带旁路、半高型布置配电装置断面图

（尺寸单位：mm）

1—主母线；2—旁路母线；3、4、7、8—隔离开关；5—断路器；

6—电流互感器；9—耦合电容器；10—阻波器

它的特点如下：

(1) 母线和电器分别安装在几个不同高度的水平面上。

(2) 旁路母线和主母线采用不等高布置。

(3) 较高的母线与断路器、电流互感器等部分电器重叠布置。

(4) 母线与母线不重叠布置。

优点如下：

（1）布置较中型紧凑，占地面积较小。

（2）施工、维护、运行、检修较方便。

6.3.3.3　高型配电装置

图 6.10 所示为 220kV 双母线进出线带旁路母线、三框架、断路器双列布置的高型配电装置断面图。两组主母线 1、2 重叠布置，旁路母线 9 布置在高层构架上，旁路隔离开关 8 和主母线隔离开关 3 布置在高层构架的两侧，进出线断路器 5、电流互感器 6 和线路隔离开关 7 布置在旁路母线 9 的下面，进出线不交叉跨越。为保证上层隔离开关 3、8 的引下线对其底座的安全距离，用支柱绝缘子斜装支持引线，绝缘子顶部有槽钢，托架设有上层操作巡视通道（3～3.6m 宽）和围栏，当通道与控制楼距离较近（15～20m）时，有露天天桥连接，而且上层隔离开关采用就地电动操作结构，以改善运行及检修条件；在主母线下及避雷器 12 的外侧设置有道路。

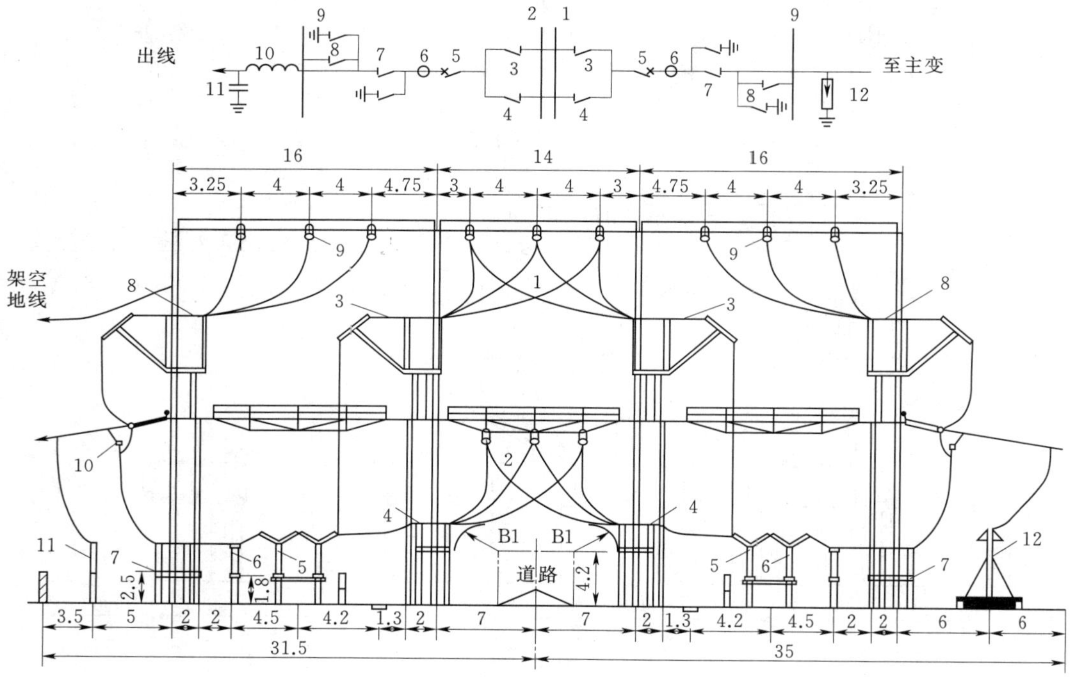

图 6.10　220kV 双母线进出线带旁路母线、三框架、断路器双列布置的高型配电装置断面图（尺寸单位：mm）

1、2—主母线；3、4、7、8—隔离开关；5—断路器；6—电流互感器；9—旁路母线；10—高频阻波器；11—耦合电容器；12—避雷器

它的特点如下：

（1）各母线和电气分别安装在几个不同高度的水平面上，旁路母线与断路器、电流互感器等电器重叠布置，隔离开关之间重叠布置。

（2）一组主母线与另一组主母线重叠布置，主母线下没有电气设备。

优点如下：

（1）充分利用空间位置，布置紧凑，占地面积只有普通中型配电装置的50%左右。

（2）母线、绝缘子串、控制电缆用量也较普通中型少。

缺点如下：

（1）耗用钢材较中型配电装置多15%～60%。

（2）操作条件比中型差。

（3）检修上层设备不方便。

（4）抗震能力比中型配电装置差。

6.3.4 超高压配电装置的特殊问题

超高压配电装置是指330～750kV电压等级的配电装置，由于其电压高、容量大、设备外形尺寸大，常常采用屋外中型布置。与220kV及以下电压等级的配电装置相比，应特别注意以下几点。

6.3.4.1 内部过电压在绝缘配合中起控制作用

绝缘配合是技术经济的综合问题。220kV及以下电压等级的绝缘水平主要由大气过电压数值决定，采用避雷器限制大气过电压。而超高压配电装置的内部过电压很高，设备绝缘和配电装置的间隙主要由内部过电压决定。常用并联电抗器限制工频过电压；用带并联电阻的断路器限制操作过电压；避雷器除能保护大气过电压，必要时也能有效地保护操作过电压。

6.3.4.2 要注意防护静电感应对人体的危害

在强静电场中人体也会感应出电压。当人体与地接通时，就会产生电流，有时甚至有麻木的感觉。为保证人员的安全，要求感应电压不超过10kV/m，感应电流不大于200μA。为此需采取必要措施，如用较高的设备支架、大设备周围加金属屏蔽网等。检修时也要考虑感应电压问题。

6.3.4.3 要满足电晕和无线电干扰允许标准

超高压电力系统电压高，导线表面电场强度超过空气的击穿强度时，导线表面会产生电晕放电。电晕放电将不断发射不同频率的无线电干扰电磁波，同时引起电晕损失。规程要求在1.1倍最高工作电压下的晴天夜晚电气设备上应没有可见电晕，1MHz时的无线干扰电压不大于2500μV。为防止电晕和无线电干扰，超高压配电装置中的导线和母线，大都采用扩径空心导线、多分裂导线或大直径铝锰合金管。

6.3.4.4 要注意限制噪声

配电装置中的主要噪声源是变压器、电抗器和电晕放电。在设计时应注意变压器等设备与主控制室（网控室）、通信楼等的距离和相对位置，尽量使噪声水平不超过规定值。控制室、通信室的连续噪声级不可大于65dB，一般应低于55dB。

6.3.4.5 尽量节约用地

超高压配电装置电压高，绝缘距离大，占地面积较大。如果采用高型布置，虽可减少占地面积，但架构尺寸太大，结构复杂，对电气设备的正常巡视、操作和维修，都带来不少困难，所以一般采用中型布置。为减少占地面积，可采用SF_6组合电器、SF_6全封闭电器、支持式硬母线配单柱式隔离开关（分相中型）及悬吊式隔离开关等措施。

6.3.4.6　要合理设置检修和运输通道

超高压配电装置在电力系统中的地位非常重要，各种设备体积庞大，检修时必须动用多种大型器具和车辆。为此，必须留有充裕合理的运输通道。

6.4　成套式配电装置

成套式配电装置是按照电气主接线和用户具体要求，将一个回路中的电气设备成套组装成柜供应给用户的配电装置。成套式配电装置主要有 1kV 以下的低压配电屏、35kV 及以下的高压开关柜、110kV 及以上的 SF_6 全封闭组合电器、成套变电站等。

6.4.1　低压配电屏

低压配电屏（柜）用于发电厂、变电所和工矿企业 330/220V 低压配电系统，作为动力、照明配电之用。有数十种一次电路方案，可以满足不同主接线的组合要求。低压配电屏的结构型式主要有固定式和抽出式。

6.4.1.1　固定式

固定式低压配电屏的型号有 PGL、GGL、GGD、GHL 等系列。PGL－1 系列低压配电屏结构示意图如图 6.11 所示，其框架由角钢和薄钢板焊接成。在屏正面上部布置测量仪表；中部布置闸刀的操作手柄、控制按钮等；下部屏门内安装继电器、电能表和二次端子排。屏顶为主母线，并设有防护罩；屏的背面上部为刀开关；中部为低压断路器、接触器、熔断器；下部为电流互感器、电缆头、中性母线（N）。根据容量不同，每屏可以是一条回路或多条回路。低压配电屏结构简单、价格低廉，易于生产，且安装、维护、检修、操作方便。已广泛应用于发电厂、变电所和工矿企业低压配电系统中。

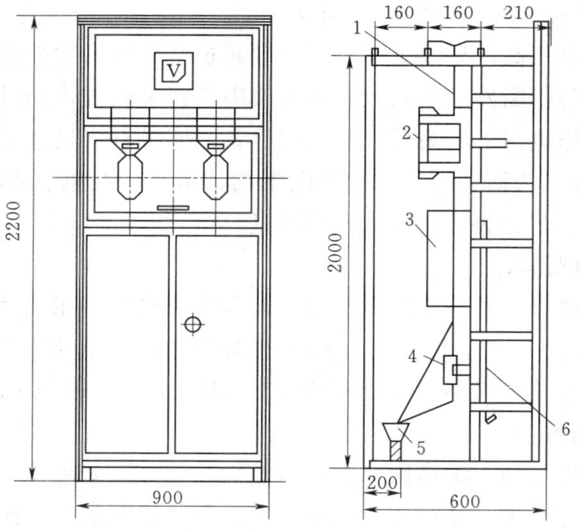

图 6.11　PGL 型低压配电屏外形及结构图（尺寸单位：mm）

1—母线；2—隔离开关；3—断路器；4—电流互感器；5—电缆头；6—继电器

6.4.1.2 抽出式

抽出式低压配电屏是一种新型封闭式低压配电装置。目前国产产品有 BFC、BCL、GCL、GCK、GCS 等系列；另外还有多种引进国外技术或国外公司在我国进行独资、合资生产的产品系列有 EEC－M35（CHD－15B），多米诺（DOMINO），科必可（CU－BIC），MNS，SKUS，SVACON，MD190（HONOR），PRISMAP 等系列。

抽出式低压配电屏的特点是整个系统包括电气结构均采用了组合式和模块化的设计，即将同一功能的电气设备和机械部件组成保护操作、转换、控制、调节、测定等功能单元（抽屉）；抽屉具有移动、试验、分断、连接及分离位置、机械联锁装置齐全。还具有结构通用性强、技术性能高、装配方便、占地面积少等优点。但抽出式低压配电装置的缺点是结构复杂，工艺要求较高，钢材消耗较多，价格较高。

6.4.2 高压开关柜

高压开关柜主要用于 3～35kV 电压等级系统中，作接受、分配电能及控制之用。根据开关柜的结构形式可分为固定式和手车式。

6.4.2.1 固定式

固定式高压开关柜的型号有 GG、KGN、XGN 等系列。图 6.12 为 GG 系列固定式高压开关柜外形及结构图。母线敞露安装在柜顶；柜内断路器的两侧必须设置隔离开关，断路器和隔离开关的操作机构安装在柜门上；电缆出线由电缆沟引出。它的特点是制造工艺简单，钢材消耗少，价格低廉；但是体积大，封闭性能差，检修不够方便。主要用于中小型发电厂、厂用配电系统、变电所的屋内配电装置。

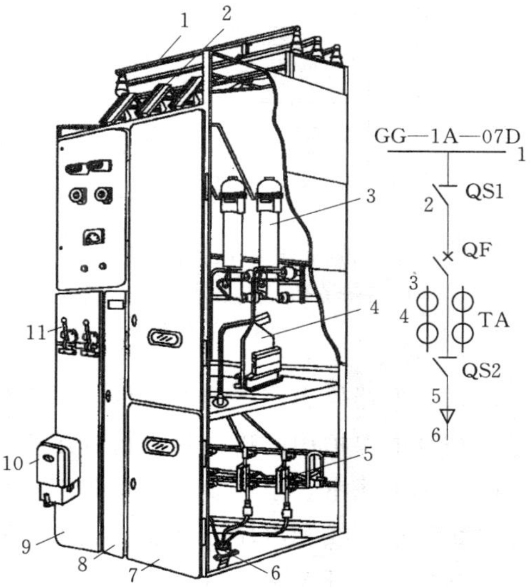

图 6.12 GG 系列固定高压开关柜外形及结构
1—母线；2—母线隔离开关；3—断路器；4—电流互感器；5—线路隔离开关；6—电缆头；7—下检修门；8—端子箱门；9—操作板；10—断路器操作机构；11—隔离开关操作把手

6.4.2.2 手车式

手车式高压开关柜的型号有 JYN、KYN 等系列。图 6.13 为 JYN2－10 型金属封闭间隔型手车式户内高压开关柜，其结构主要有以下几个部分组成。

（1）主母线室。主母线室位于柜后上部，室内装有主母线 4、支持绝缘子和母线侧隔离静触头。柜后上封板装有视察窗，电压显示灯。

（2）手车室。断路器手车室 7 位于柜前下部，门上有视察窗、模拟接线。断路器、电压互感器 8 装于手车上。手车底部有滚轮、导向装置，能沿水平方向移动，设置联锁装置，只有断路器处于分闸位置时，手车才能拉出或插入；只有断路器分闸、手车拉出后，接地开关 10 才能合上。当手车在工作位置时，断路器经隔离插头与母线和接通；检修时，将手车拉出柜外，动、静触头分离，一次触头隔离罩自动关闭，起安全隔离作用。

（3）出线电缆室。出线电缆室位移柜后下部，室内装有电流互感器 9、出线电缆 3（或硬母线）及接地开关 10。

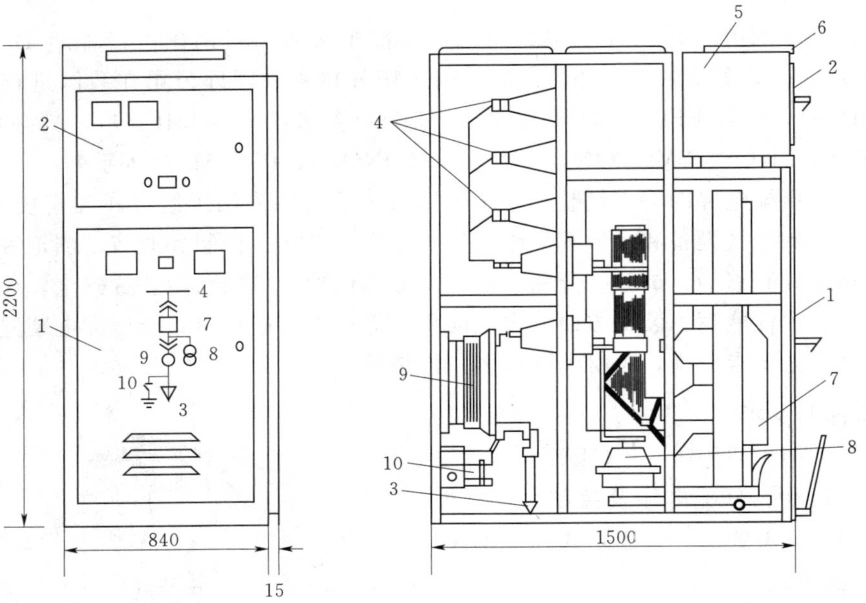

图 6.13　JYN2－10 型高压开关柜外形及结构图（尺寸单位：mm）
1—手车室们；2—仪表板；3—出线电缆；4—母线；5—继电器及仪表室；6—小母线室；
7—断路器手车；8—电压互感器；9—电流互感器；10—接地开关

（4）继电器仪表室。继电器仪表室 5 位于柜前上部，小室门上装有测量仪表、按钮、信号灯和继电保护用的连接片（俗称压板）等，小室内有继电器和端子排。

（5）小母线室。小母线室 6 位于柜顶前部，室内装有各种小母线（合闸、控制、各种信号等直流小母线和电压互感器二次侧的三相交流电压小母线）。

手车式高压开关柜的特点是：封闭性能好，运行可靠，检修方便，维护工作量小。广泛用于发电厂和变电站中。

6.4.3　SF_6 全封闭组合电器（GIS）

SF_6 全封闭组合电器配电装置俗称 GIS（英文缩写），它是以 SF_6 气体作为绝缘和灭弧介质，以优质环氧树脂绝缘子作支撑的一种新型成套高压电器，它将母线、断路器、负荷开关、隔离开关、接地开关、电流互感器、避雷器和电缆终端（或出线套管）等电气设备按照电气主接线的连接顺序加上一些过渡元件（如弯头、三通、伸缩节等）组装成一个整体全部封装在金属外壳里，内部充满一定压力的 SF_6 气体。一般情况下，断路器和母线筒的结构型式对装置的整体布置影响最大。对屋内式 GIS，当选用水平断口断路器时，一般将断路器水平布置在最上面，母线布置在下面；当选用垂直断口断路器时，则断路器一般落地垂直布置在侧面。对屋外式 GIS，断路器一般布置在下部，母线布置在上部，用支架托起。目前多采用屋内式。

图 6.14 为 220kV 双母线、断路器水平布置的 GIS 断面图。图中Ⅰ、Ⅱ为两组工作母线，采用三相共箱，它布置在最下部；4 为水平断口（双断口）的高压断路器，布置在上

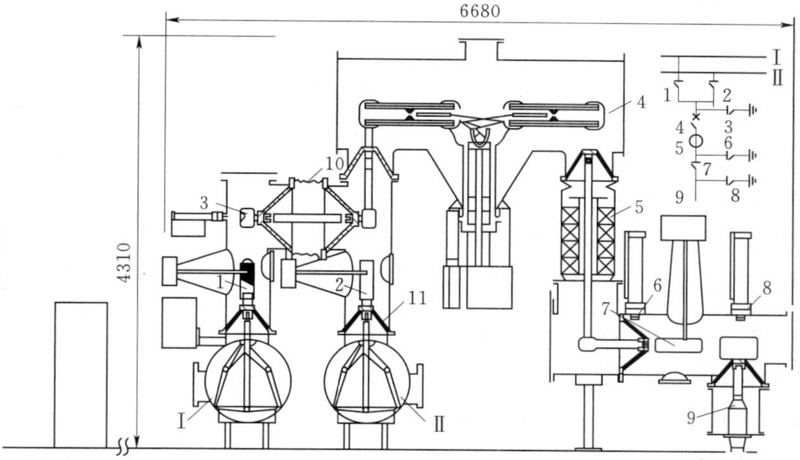

图 6.14　220kV 双母线、断路器水平布置的 SF_6 全封闭组合电器（GIS）断面图
（尺寸单位：mm）
Ⅰ、Ⅱ—主母线；1、2、7—隔离开关；3、6、8—接地开关；4—断路器；
5—电流互感器；9—电缆头；10—伸缩节；11—绝缘子

部；这样布置便于设备支撑和检修。其他设备的相对位置如图所示。全封闭组合电器的外壳上还安装有检查孔、窥视孔和防爆盘等设备。

SF_6 全封闭组合电器的优点如下：

（1）紧凑、占地面积小，占用空间少，重量轻。

（2）运行可靠性高。外绝缘暴露少，内部结构简单，机械故障少，外壳接地，无触电危险；SF_6 为不可燃气体，不易发生火灾与爆炸事故。

（3）安装周期短。各个单元和间隔可在现场安装。

（4）维护方便、检修周期长。GIS 结构布局紧凑合理，灭弧系统先进，产品的使用寿命大大提高。

缺点如下：

（1）对材料性能、加工精度和装配工艺要求极高，工件上的任何毛刺、油污、铁屑和纤维都会造成电场不均，可能导致局部放电，甚至个别部位击穿的危险。

（2）金属消耗量大。

（3）造价较高。

6.4.4 成套变电站

成套变电站是组合式、箱式和可移动变电站的统称，又称为预装式变电站。它用来从高压系统向低压系统输送电能，可作为城市建筑、生活小区、中小型工厂、市政设施、矿山、油田及施工临时用电等部门、场所的变配电设备。

成套变电站是由高压开关设备、电力变压器和低压开关设备三部分组合构成的配电装置。成套变电站有关元件在工厂内被预先组装在一个或几个箱壳内，具有成套性强、结构紧凑、体积小、占地少、造价低、施工周期短、可靠性高、操作维护简便、美观、适用等优点，近年来在我国迅速发展，并得到广泛应用。

6.5　水电站电气总布置

水电站电气总布置是按照电气主接线要求，对主厂房、副厂房、主变压器、开关站及其他电气设备的相对位置作合理布置。

水电站电气设备的布置与枢纽布置、电站装机容量、电气主接线、设备选择、运行方式、环境与地形条件、安装与维护要求等许多因素密切相关，而且关系到安全生产、运行管理以及经济效益，是水电站电气设计的重要内容。

6.5.1　电气总布置的基本要求

6.5.1.1　满足电气生产工艺流程的要求

总布置首先要满足电气主接线的要求，力求导线、电缆、母线及交通线路短捷、通顺，避免迂回，减少交叉。

（1）首先确定高压配电装置及出线站的位置。因为高压配电装置及出线站的布置直接影响开关站型式、进出线和联络线型式、过电压保护设备以及隔离开关等设备的配置，与电气主接线相关联。

（2）合理布置中控室、副厂房等建筑，中控室尽量靠近机组。中控室主要对机组进行控制、监测以及与系统的通讯，是整个电站的控制中心，将其布置在合理位置以保证设备运行可靠，便于正常的维护巡视，减少事故和故障的影响范围。

（3）主变压器应尽量靠近主厂房。变压器最好布置在与主厂房安装间同一高程，便于检修与安装。还应考虑变压器的防火要求。

6.5.1.2　满足最终规模，便于分期建设

充分考虑初期发电及分期过渡的布置方案，减少前期和后期工程之间施工与运行方面的相互干扰。

6.5.1.3　结合地形条件，因地制宜布置

（1）综合枢纽地形、地质条件、自然环境和水工建筑物特点，尽可能使电气布置紧凑合理、节约用地、减少土建工程量，并考虑避免施工交叉，缩短建设周期。

（2）电气设备布置区域应避免断层、滑坡、滚石、冲沟、岸边冲刷区及塌陷区等不良地质构造地段。

6.5.1.4　重视节能降耗和环境保护的要求

适当考虑各个布置方案的电能损失费用。合理采用成熟的新技术、新设备和新材料，坚持节能降耗，满足环境保护的要求。

6.5.2　发电机与变压器、配电装置的连接

发电机与变压器、配电装置之间有如下连接形式：

（1）敞露母线桥。敞露母线一般采用矩形或槽形硬铝母线，用支柱绝缘子支持架空的布线方式。

（2）组合导线。组合导线由多根软绞线固定在套环上组合而成，用悬式绝缘子悬挂在

厂房、配电装置室的外墙、独立的门型架上。组合导线趋肤效应小、散热好、运行可靠性高、维护工作量小、投资少。

(3) 电缆。由于电缆造价昂贵且电缆头容易出现故障，因此大型机组中较少采用，一般用于单机容量在 25MW 且无法采用敞露母线连接的小型机组。

(4) 封闭母线。当单机容量在 200MW 及以上的发电机与变压器间的连接母线、厂用分支母线及电压互感器分支母线，为了避免因气候、污秽气体和落下的物体造成短路故障，要求有更高的运行可靠性时，一般采用全连式分相封闭母线。

6.5.3 各种型式厂房的典型布置

水电站可分为引水式、坝后式、河床式、地下式等类型，所以电气设备的布置要考虑水电站的形式、地形条件的影响。

6.5.3.1 引水式地面厂房

图 6.15 和图 6.16 为引水式地面厂房的典型布置。

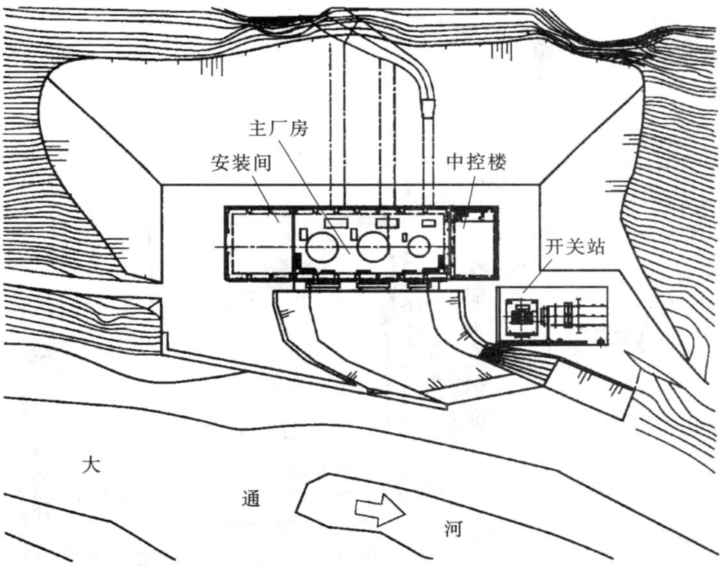

图 6.15 某引水式水电站枢纽平面图（装机容量 2×13.5MW+1×7MW）

(1) 主变压器。引水式地面厂房的主变压器一般有两种布置方式：

1) 采用单元接线且机组容量较大、台数较多时，主变压器一般布置在主厂房的上游侧或下游侧。因为单机容量较大的水电站，发电机与主变压器常采用单元接线，发电机电压母线尺寸大，主变压器与机组对应布置，可缩短母线长度，降低损耗，同时便于低压进线和高压出线。

2) 中、小容量机组，单台变压器容量 40MVA 及以下，且台数较少时，可以布置在主厂房的一端。

(2) 开关站。如果采用 SF_6 全封闭组合电器（GIS）开关站，开关站占地面积较小，可以布置在靠近主变压器的地方，例如主变压器之间的场地，或者主变压器上方。如果地

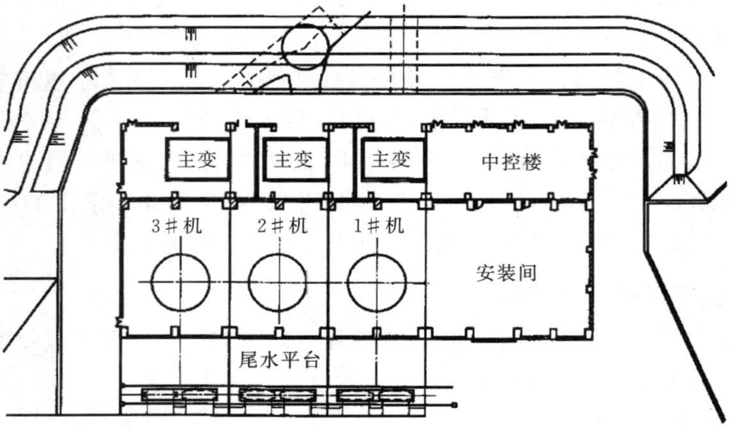

(a)

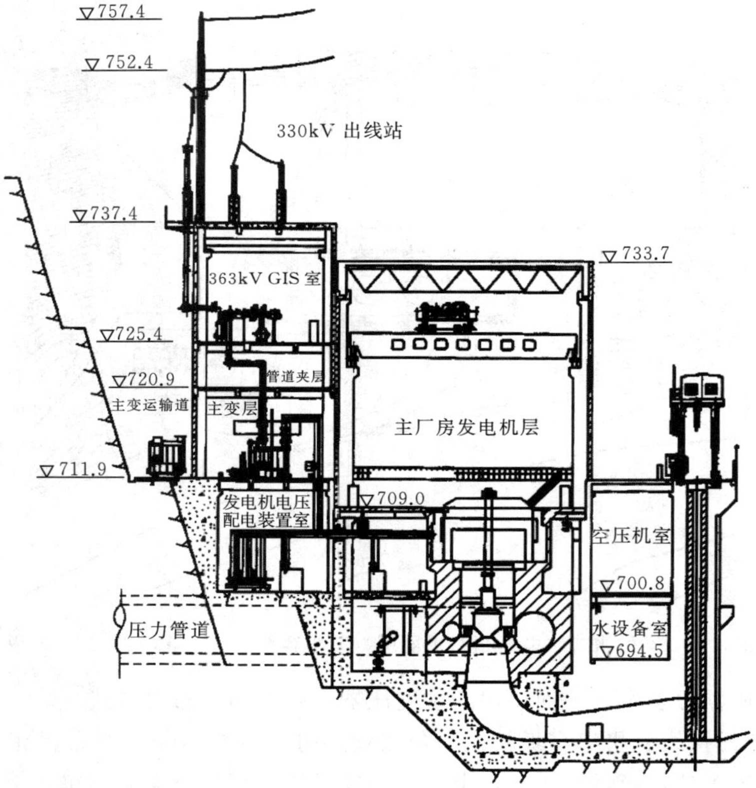

(b)

图 6.16　某引水式水电站布置图（装机容量 3×90MW）

(a) 枢纽平面布置图；(b) 主厂房剖面图

形狭窄，山坡陡峻，高压出线有问题，或者采用敞开式设备，开关站面积较大，厂房区域没有合适的布置位置，那么可以将开关站布置在离厂房稍远的枢纽区其他部位，但应考虑交通的便利、与厂房之间线路和电缆的通道设置以及开关站区域的设备安全。

(3) 中控室。中控室的位置尽可能设置在主厂房与开关站之间而与主厂房相毗连。根据枢纽布置的要求，电站亦可设置独立中控楼，需要综合考虑技术经济与运行、维护管理的便利性等因素。引水式地面厂房的中控室一般布置在主厂房的端头。

6.5.3.2 坝后式厂房

图 6.17 为坝后式厂房的典型布置。

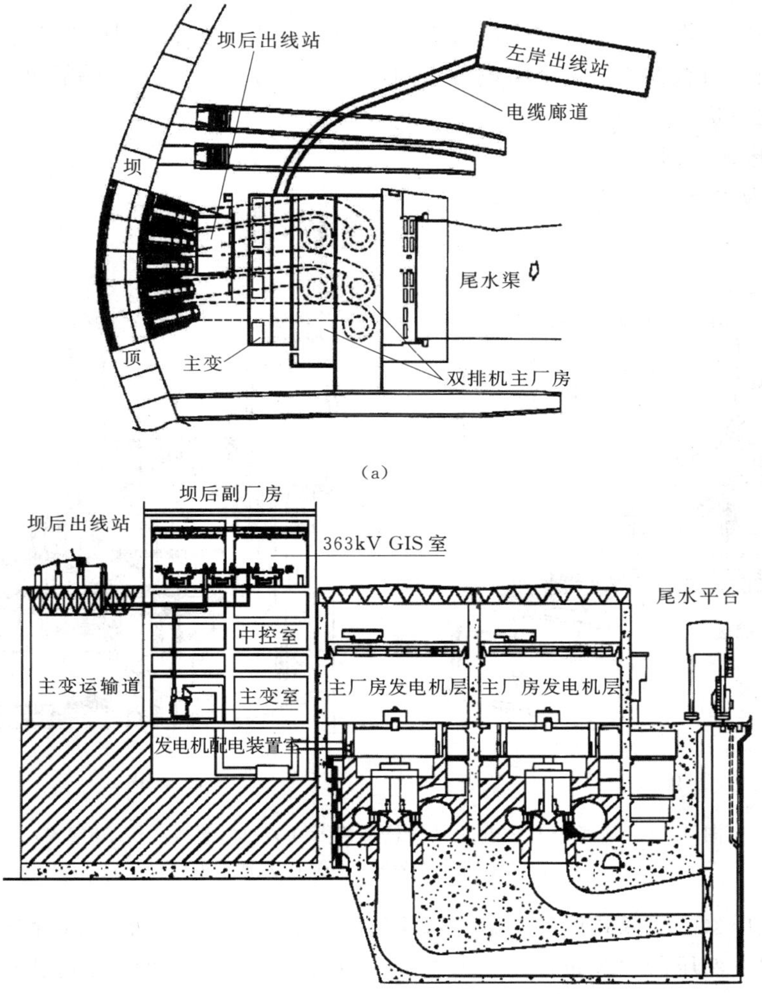

图 6.17 某坝后式水电站布置图（装机容量 5×400MW）

(a) 枢纽平面布置图；(b) 厂房剖面图

(1) 主变压器。坝后式厂房的主变压器大多布置在厂、坝间靠近主厂房侧，高压侧出线可通过坝坡设置的挂点引到岸边的开关站。如果采用 GIS 开关站，同时布置在厂、坝间，出线可以从厂房顶或坝顶引出。这种布置方式清晰明了，发电机电压配电装置紧凑，运行检修方便。

如果大坝分期施工，变压器布置在厂、坝间与大坝施工有干扰，也可将变压器布置在尾水平台，高压出线可利用厂房下游墙埋设挂点或厂房顶设置出线架引至开关站。

（2）开关站。如果采用 GIS 开关站，可布置在靠近变压器的地方。如果变压器附近没有合适的布置场地，开关站一般设在坝后或坝坡上，也可是在厂房侧的岸边或山坡上，并尽量避开泄洪时的水雾影响区，同时注意开关站的进出线应避免跨越溢流区段，以防止泄洪时水雾影响线路正常运行。

（3）中控室。坝后式厂房如主厂房上游侧坝坡间具备条件，则中控室宜布置在此；如中控室没有条件布置在主厂房上游侧时，则可考虑布置在主厂房一端靠近交通道的位置，并尽可能与发电机层同高程。

6.5.3.3　河床式厂房

图 6.18 为河床式厂房的典型布置。

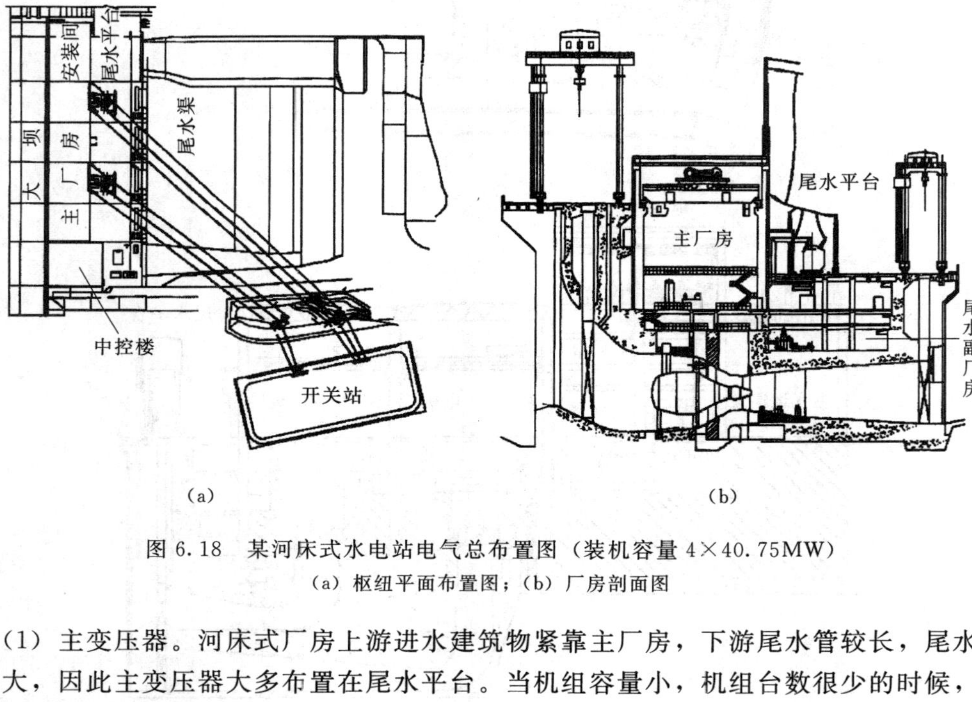

(a)　　(b)

图 6.18　某河床式水电站电气总布置图（装机容量 4×40.75MW）
（a）枢纽平面布置图；（b）厂房剖面图

（1）主变压器。河床式厂房上游进水建筑物紧靠主厂房，下游尾水管较长，尾水平台空间大，因此主变压器大多布置在尾水平台。当机组容量小，机组台数很少的时候，可以布置在厂房的一端或岸边。

（2）开关站。如果采用 GIS 开关站，可以布置在主变压器之间或上部，高压出线由屋顶引出。也可将开关站布置在岸边，主变压器高压侧通过架空线或电缆引至开关站。

（3）中控室。河床式电站中控室宜布置在高于最高洪水位的尾水平台上或布置在主厂房一端的进场道路旁边。有些工程中控室布置在尾水平台下面的尾水副厂房，由于下游墙面不能开窗，对中控室的采光和通风不利。另外针对尾水管振动的影响，中控室内控制、保护盘需考虑专门采取防振措施。因此不推荐这种布置方式。

6.5.3.4 地下式厂房

图 6.19 为地下式厂房的典型布置。

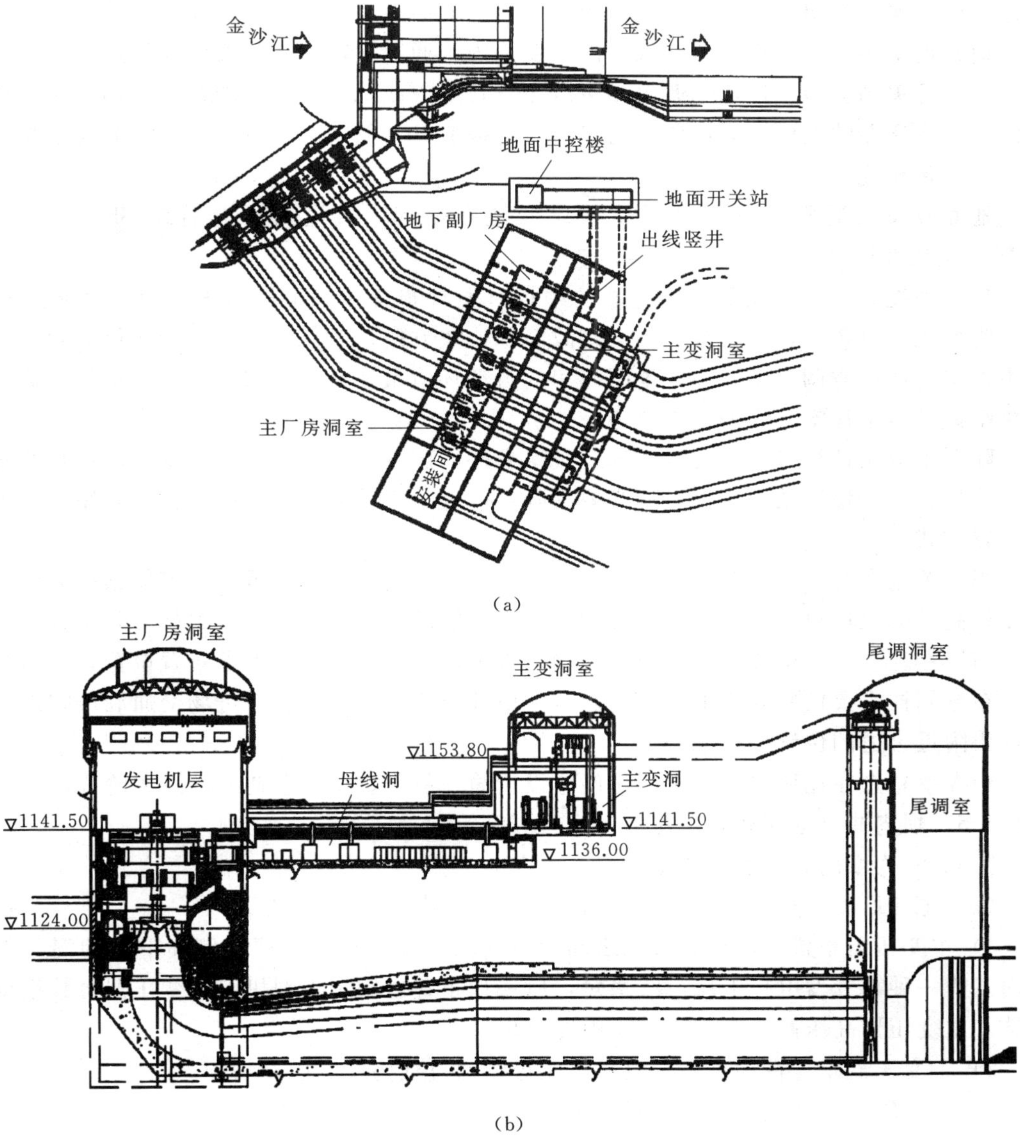

图 6.19 某地下式水电站布置图（装机容量 6×360MW）

(a) 枢纽平面布置图；(b) 厂房剖面图

(1) 主变压器。地下式厂房按水工建筑物布置可分为首部布置、中部布置和尾部布置，对主变压器布置有一定的影响。

1) 首部布置的地下厂房距大坝和进水口较近，距尾水洞出口较远。主变压器可布置在地下，也可布置在附近的山坡边。

2）中部布置的地下厂房距大坝、进水口及尾水洞出口均较远，主变压器通常布置在地下。如果厂房顶部岩层不太厚的情况下，也可布置在地面上。

3）尾部布置的地下厂房距大坝及进水口较远，距尾水洞出口较近。主变压器可布置在地下或者尾水洞出口与进厂交通洞出口之间的地面上。

通常地下主变压器都布置在独立的主变洞内，通过运输轨道与安装间相连。

（2）开关站。地下厂房的开关站可以布置在地下或地面。地下的开关站通常布置在主变洞室主变压器的上面，高压侧则通过高压电缆或 SF_6 管道母线（GIL）由出现竖井与地面出线设备相连。

地面开关站通常与中控楼及出线站布置在一起，通过高压电缆或 SF_6 管道母线（GIL）由出线竖井与地下主变压器相连。

（3）中控室。早期地下厂房电站的中控室通常布置在地下厂房内。中控室布置在地下，距离机组设备近，运行维护、处理故障都比较方便，对保障电厂安全运行有利。但地下中控室对通风空调要求较高，地下厂房的劳动环境条件是无法与地面中控室相比的，另外机组振动对中控室的影响也需要考虑。

随着水电站计算机监控技术和远动技术发展的成熟，“无人值班”（少人值守）的先进运行管理方式已使得地下中控室的必要性降低，近十年地下厂房电站较普遍采用地面中控室布置方式。

当开关站布置在地面时，中控室宜考虑于开关站结合统一布置，但需依据相关设计规范复核高压电磁场对设备和人员的影响。如果不能满足，应考虑于开关站分开布置；当开关站布置在地下时，中控室可以单独布置，也可以和出线站统一考虑布置位置，与出线站统一布置同样需要校验高压电磁场的影响，单独布置时可以布置在进场交通洞口附近及大坝坝头附近合适的位置。

中控室布置在地面时，地下厂房内应设置简易值班室供发电初期的过渡阶段使用。

6.5.3.5 坝内式（溢流式）厂房

图 6.20 为坝内式厂房的典型布置。

（1）主变压器。坝内式厂房主变压器布置一般有以下三种方式：

1）主变压器布置在厂房和大坝之间的空腔内，或者布置在厂房侧面下游的混凝土空腔内。前一种布置发电机电压母线最短，后一种布置适用于小型机组且变压器台数很少的电站。主变压器高压侧通常采用高压电缆引出。

2）主变压器布置在坝顶，发电机电压母线通过坝内空腔引至坝顶。

3）主变压器与开关站一起布置在岸边。

（2）开关站。可以布置在坝顶或岸边，应注意大坝泄洪水雾对高压架空线路的影响。

（3）中控室。早期坝内式厂房中控室较多布置在主厂房下游侧与机组平行位置，坝后溢流式厂房的中控室一般布置在主厂房上游侧空腔内。

随着水电站计算机监控技术和远动技术发展的成熟和“无人值班”（少人值班）运行方式的普遍运用，目前坝内式厂房通常采用地面中控室布置方式，地面中控室可以与坝顶副厂房结合布置，推荐与坝顶同高程。

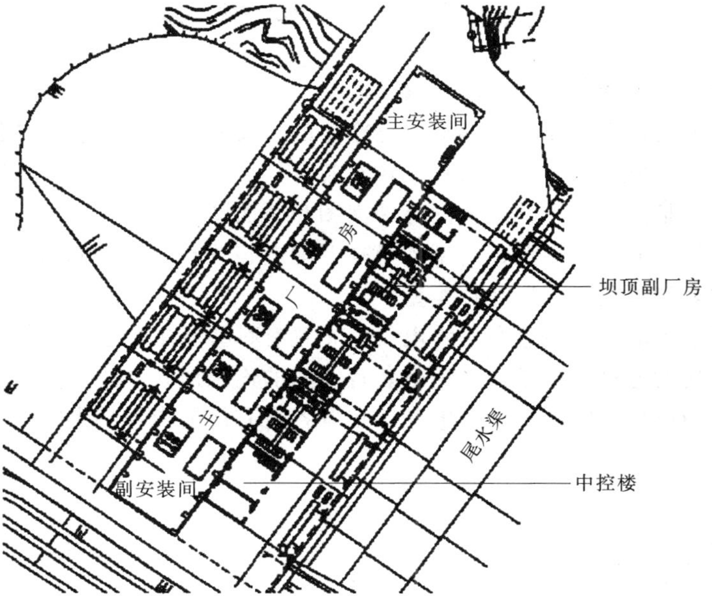

(a)

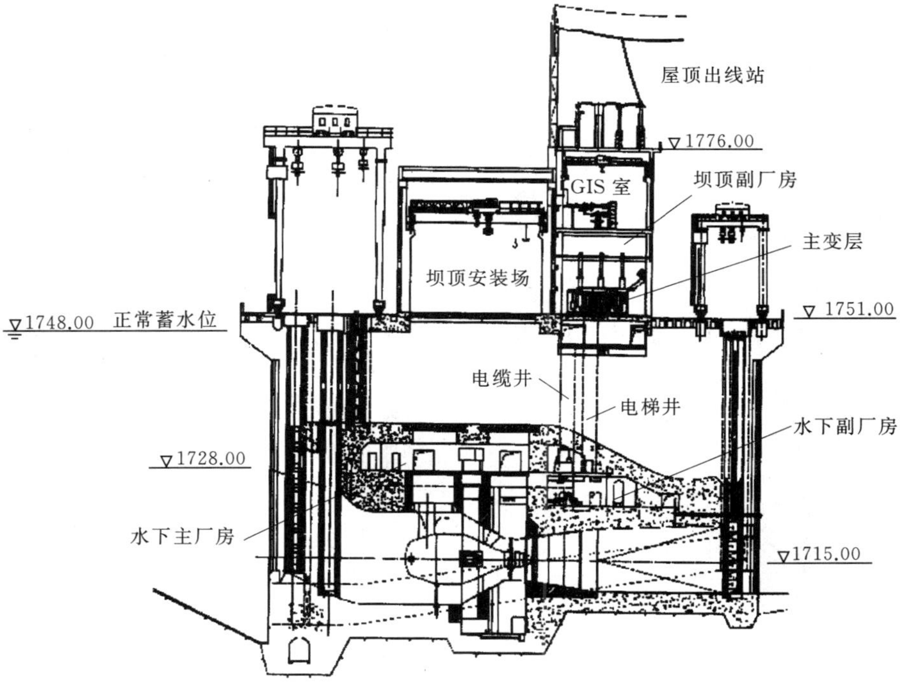

(b)

图 6.20 某坝内式水电站布置图（装机容量 5×48MW）
(a) 枢纽平面布置图；(b) 厂房剖面图

习题与思考题

6.1　对配电装置有哪些基本要求？

6.2　配电装置安全净距和最小安全净距的含义是什么？它们是如何确定的？

6.3　屋内配电装置有几种布置型式？各有什么特点？

6.4　什么是配电装置的配置图、平面图和断面图？

6.5　如何区分屋外中型、高型和半高型配电装置？试述它们的特点和应用范围。

6.6　成套配电装置有哪几种类型？

6.7　何谓水电站电气总布置？电气总布置有哪些基本要求？

6.8　试述发电机与变压器、配电装置之间的连接形式。

6.9　几种典型水电站厂房的电气总布置各自有何要求与特点？

第 7 章　水电站电气设备的保护、控制与信号

7.1　水电站电气设备的控制方式

发电厂的电气设备，有些是就地控制，有些是集中在一起控制。水电站一般采用主控制室（中央控制室，或中控室）的控制方式，而大型火电厂往往采用单元集中控制方式。

采用主控制室控制方式，电站的主要电气设备都在主控制室（中控室）进行控制。中控室为电站的控制中心，要求监视方便，操作灵活，能与整个电站联系通畅。中控室要尽量靠近机组（主厂房），对机组进行控制、监测以及与系统进行通讯，将其布置在合理位置可以保证设备运行可靠，便于正常的维护巡视，减少事故和故障的影响范围。

7.2　二 次 接 线 图

7.2.1　二次接线图及其分类

发电厂的继电保护、控制和信号都属于电气二次系统。由二次设备所组成的低压回路称为二次回路。它包括交流电流回路、交流电压回路、断路器控制和信号回路、继电保护回路以及自动装置回路等。

用二次设备的图形符号和文字符号，表明二次设备互相连接的电气接线图称为二次接线图。

二次接线图可分为以下几类：

- 二次接线图
  - 原理图
    - 归总式原理图
    - 展开式原理图
  - 安装图
    - 展面布置图
    - 屏后接线图及端子排图

二次接线图中，每个元件须用具有一定特征的图形符号表示出来，并用能表明各种设备或元件名称、类型、功能的文字符号标注在图形旁边，使接线清晰实用，以免发生混淆。我国根据国际电工委员会（IEC）发布的图形符号和绘图标准，制定了我国的国家标准。

7.2.2　二次接线图的绘制方法

7.2.2.1　原理图

（1）归总式原理图。这种原理图即各二次元件在图中是用整体形式来表示，如电流继电器的表示图中，下面是线圈，上面是被线圈控制的触点。

（2）展开式原理图。展开式原理图又简称展开图。在展开图中，交流回路与直流回路

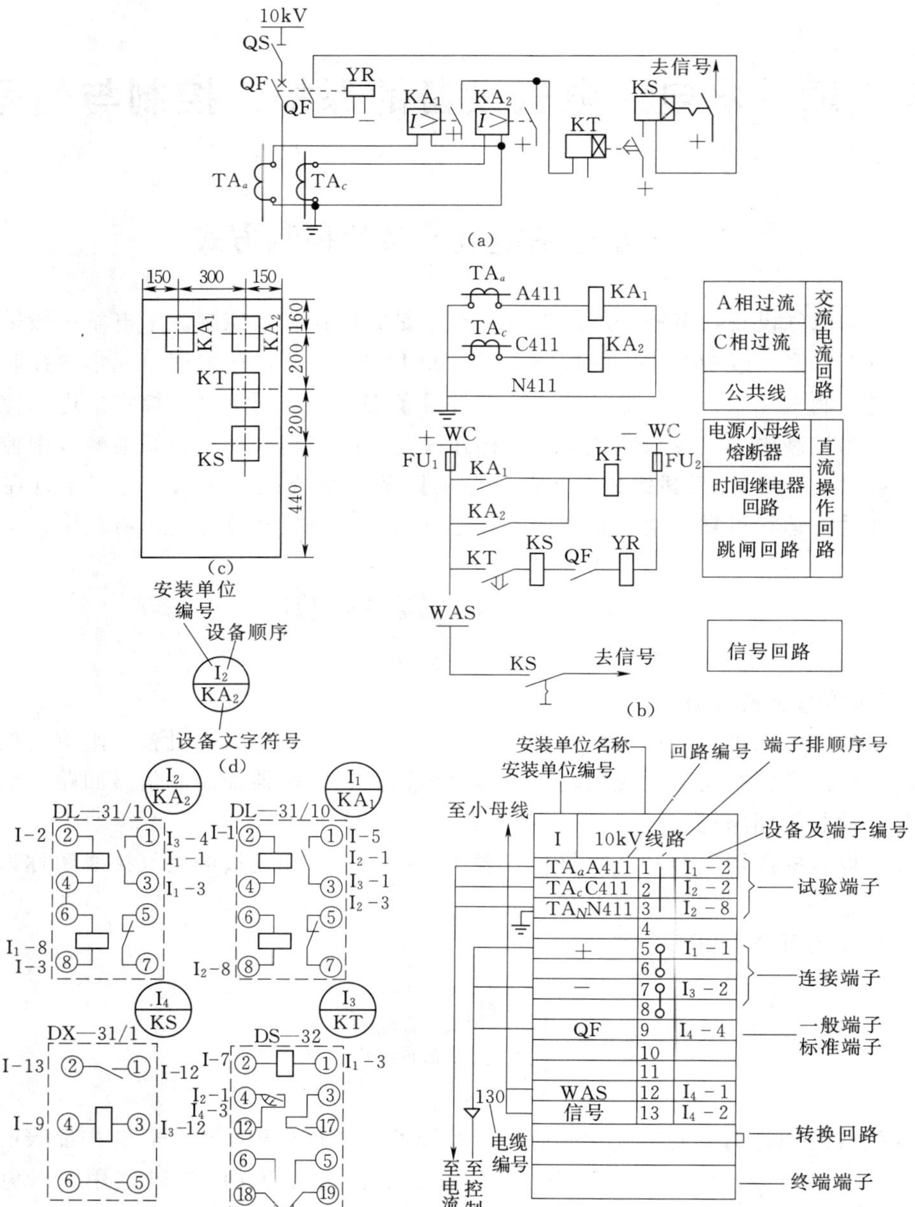

图 7.1　10kV 线路过电流保护全图（尺寸单位：mm）

(a) 原理接线图；(b) 展开接线图；(c) 屏面布置图；(d) 设备标示方法；

(e) 屏后接线图；(f) 端子排图

TA—电流互感器；KA—电流继电器；KT—时间继电器；KS—信号继电器；

QF—断路器及其辅助触点；YR—跳闸线图；QS—隔离开关；

WAS—事故音响信号小母线；WC—控制电路电源小母线

是互相分开的，同一继电器的线圈和触点也是分开的，并分别用规定的图形和相同的文字符号注明。展开图中有若干条由按钮、触点、线圈和指示灯等连成的回路，图的旁边还有说明各回路作用的文字，可进一步帮助了解回路的动作过程。由于展开图条理清楚，能一条一条地分析和检查，因此在实际工作中应用最多。

7.2.2.2 安装图

表示二次设备的具体位置和布线方式的图称为安装图。安装图又分屏面布置图、屏后接线图和端子排图。

（1）屏面布置图。按各元件在屏面的安装位置绘制，图中各元件的尺寸和相互距离均要详细注明，以便于在屏上对应位置进行安装。

（2）屏后接线图。屏后接线图更是现场安装不可缺少的图纸。图中每个设备都有一定的代号和顺序号，设备接线柱上也写有标号。此外，每个接线柱还注有明确的去向。这种接线图用于安装和检查，远比原理图方便得多。

1）设备编号。为了避免混淆，屏上的所有设备都有不同的编号。

2）回路编号。为了便于安装，二次回路的每一段导线都应加以编号。

3）端子排编号。凡屏内设备与屏外设备相连时，都要通过一些专门的接线端子，这些接线端子组合起来形成端子排。为了便于接线，端子排应位于屏的左右两侧。端子排的一侧与屏内设备相连，另一侧用电缆与其他单元或屏的端子排相连。端子排应按下列顺序依次排列：交流电流回路-交流电压回路-信号回路-直流回路-其他回路-转接回路。这样既可节约导线，又利于安装和检查。

4）相对编号法。在安装接线图上，设备之间的连接并不是以线条直接相连，而是采用一种“相对编号法”来表示。例如：要连接 A、B 两个设备，我们可在 A 设备接线柱上标出 B 设备接线柱的编号；而在 B 设备接线柱上标出 A 设备的接线柱的编号。简言之，就是“A 编 B 的号，B 编 A 的号”，两端互相呼应。

图 7.1 给出了 10kV 线路过电流保护全图，图中采用规定的图形符号和文字符号，用相对编号法表示互相连接关系。

7.3 继 电 保 护

继电保护是研究电力系统故障和危及安全运行的异常工况，以及探讨其对策的反事故自动化措施。因在其发展过程中曾主要采用有触点的继电器来保护电力系统及其元件（发电机、变压器、输电线路、母线等），使之免遭损害，所以沿称继电保护。其基本任务是，当电力系统发生故障或异常工况时，在可能实现的最短时间和最小区域内，自动将故障设备从系统中切除，或发出信号由值班人员消除异常工况根源，以减轻或避免设备的损坏和对相邻地区供电的影响。

随着电力系统容量的日益增大，范围越来越广，仅设置系统各元件的继电保护装置，远不能防止发生全电力系统长期大面积停电的严重事故。为此必须从电力系统全局出发，研究故障元件被相应继电保护装置的动作切除后，系统将呈现何种工况，系统失去稳定时将出现何种特征，如何尽快恢复其正常运行等。另外，大机组和大电力系统的相互影响和协调也是电能安全生产的重大课题，系统的继电保护和安全自动装置的配置方案应充分考虑到电力系统安全经济运行的实际需要。为了巨型发电机组的安全，不仅应有完善的继电保护，另外还应研究、推广故障预测技术。

7.3.1　继电保护基本原理

继电保护装置必须具有正确区分被保护元件是处于正常运行状态还是发生了故障，是保护区内故障还是区外故障的功能。保护装置要实现这一功能，需要根据电力系统发生故障前后电气物理量变化的特征为基础来构成。

电力系统发生故障后，工频电气量变化的主要特征是：

（1）电流增大。短路时故障点与电源之间的电气设备和输电线路上的电流将由负荷电流急剧增大，并远超负荷电流。

（2）电压降低。当发生相间短路和接地短路故障时，系统各点的相间电压或相电压值下降，且越靠近短路点，电压越低。

（3）电流与电压之间的相位角改变。正常运行时电流与电压间的相位角是负荷的功率因数角，一般约为 20°，三相短路时，电流与电压之间的相位角是由线路的阻抗角决定的，一般为 60°～85°，而在保护反方向三相短路时，电流与电压之间的相位角则是 180°+（60°～85°）。

（4）测量阻抗发生变化。测量阻抗即测量点（保护安装处）电压与电流之比值。正常运行时，测量阻抗为负荷阻抗。金属性短路时，测量阻抗转变为线路阻抗，故障后测量阻抗显著减小，而阻抗角增大；不对称短路时，出现相序分量，如两相及单相接地短路时，出现负序电流和负序电压分量；单相接地时，出现负序和零序电流和电压分量。这些分量在正常运行时是不出现的。

利用短路故障时电气量的变化，便可构成各种原理的继电保护。此外，除了上述反应工频电气量的保护外，还有反应非工频电气量的保护，如瓦斯保护。

7.3.2　继电保护的基本要求

继电保护装置为了完成它的任务，必须在技术上满足选择性、速动性、灵敏性和可靠性四个基本要求。对于作用于继电器跳闸的继电保护，应同时满足四个基本要求，而对于作用于信号以及只反映不正常的运行情况的继电保护装置，这四个基本要求中有些要求可以降低。

（1）选择性。选择性就是指当电力系统中的设备或线路发生短路时，其继电保护仅将故障的设备或线路从电力系统中切除，当故障设备或线路的保护或断路器拒动时，应由相邻设备或线路的保护将故障切除。

（2）速动性。速动性是指继电保护装置应能尽快地切除故障，以减少设备及用户在大电流、低电压运行的时间，降低设备的损坏程度，提高系统并列运行的稳定性。

一般必须快速切除的故障有：

1）使发电厂或重要用户的母线电压低于有效值（一般为 0.7 倍额定电压）。

2）大容量的发电机、变压器和电动机内部故障。

3）中、低压线路导线截面过小，为避免过热不允许延时切除的故障。

4）可能危及人身安全、对通信系统造成强烈干扰的故障。

故障切除时间包括保护装置和断路器动作时间，一般快速保护的动作时间为0.04～0.08s，最快的可达0.01～0.04s，一般断路器的跳闸时间为0.06～0.15s，最快的可达0.02～0.06s。

对于反应不正常运行情况的继电保护装置，一般不要求快速动作，而应按照选择性的条件，带延时地发出信号。

（3）灵敏性。灵敏性是指电气设备或线路在被保护范围内发生短路故障或不正常运行情况时，保护装置的反应能力。

能满足灵敏性要求的继电保护，在规定的范围内故障时，不论短路点的位置和短路的类型如何，以及短路点是否有过渡电阻，都能正确反应动作，即要求不但在系统最大运行方式下三相短路时能可靠动作，而且在系统最小运行方式下经过较大的过渡电阻两相或单相短路故障时也能可靠动作。其中，系统最大运行方式即为被保护线路末端短路时系统等效阻抗最小，通过保护装置的短路电流为最大的运行方式；系统最小运行方式即为在同样短路故障情况下，系统等效阻抗为最大，通过保护装置的短路电流为最小的运行方式。

保护装置的灵敏性是用灵敏系数来衡量。

（4）可靠性。保护装置的可靠性是指在规定的保护区内发生故障时，保护装置不应该拒绝动作，而在正常运行或保护区外发生故障是，在不应该误动作。

可靠性主要是针对保护装置本身的质量和运行维护水平而言。不可靠的保护本身就成了事故的根源。因此，可靠性是对继电保护装置的最根本要求。

为保证可靠性，一般来说，宜选用尽可能简单的保护装置及有运行经验的微机保护产品；因采用有可靠的原件和简单的接线构成的性能良好的保护装置，并应采取必要的检测、闭锁和双重化的措施。当电力系统中发生故障而主保护拒动时，靠后备保护的动作切除故障，有时不仅扩大了停电范围，而且拖延了切除故障的时间，从而给电力系统的稳定运行带来很大的危害。此外，保护装置应便于整定、调试和运行维护，这对保证其可靠性也具有重要的作用。

以上四个基本要求是设计、开发和维护继电保护的依据，又是分析评价继电保护的基础。这四个基本要求之间，是相互联系的，但彼此之间又存在矛盾。因此，在实际工作中，要根据电网的网络结构，辩证地进行统一。

7.3.3 继电保护的发展趋势

电力系统20世纪60年代以前主要采用电磁型保护，70年代是电磁型、晶体管保护并用时期。20世纪60年代末期，国外提出用计算机构成继电保护的倡议，当时的计算机硬件非常昂贵，还不具备商业性生产这类保护装置的条件，早期的研究工作是以小型机为基础的。处于经济上的考虑，采用一台小型计算机来实现多个电气设备或整个变电站的保护功能，但这种方案的可靠性显然受到限制。

70年代中期，随着大规模集成电路技术的发展，微型计算机进入实用阶段，性价比和可靠性大为提高，为微机保护的实用化奠定了硬件基础。伴随着计算机硬件水平的不断提高，各种微机保护软件的算法不断被提出，为继电保护的推广和应用提供了理论基础。

微机继电保护装置是通过数字量输出实现对断路器等的控制。易于解决常规保护难于解决的问题，对于相同的硬件，可以通过算法的不同，实现不同的保护。这样，也就可以通过改善算法来不断完善保护性能，而不需改动硬件。通过软件算法的改善，可以较好地解决原有模拟继电保护装置难于解决的问题。在各种保护方法中，考虑到了电力系统的各种情况，具有很强的综合分析和判断能力。由于计算机的通用性，因此，在继电保护硬件的基础上，可以很方便地通过增加软件的方法获得保护以外的功能。且微机保护装置均设有通信接口，这样可方便地将各地保护装置纳入变电站综合自动化系统，实现远程修改定值、投切保护装置和广域保护。

7.4　断路器的控制电路

7.4.1　对断路器控制电路的基本要求

为实现对断路器的控制，必须向断路器的操动机构发出合、跳闸操作命令（电流脉冲）。常用的操动机构有电磁、弹簧、液压及气动等几种型式。

不同型式断路器的控制电路会有所不同，但对其基本要求一致，具体要求如下：

（1）操动机构中的合闸和跳闸线圈都是按短时通电设计的，在完成操作后应立即自动断电，以免烧坏线圈。合、跳闸回路中分别串接入断路器常闭、常开辅助接点，即可在操作完成后自动切断合、跳闸回路，同时为下一步操作做好准备。

（2）断路器既可利用控制开关对其进行手动操作，也可由继电保护和自动装置实现自动操作。

（3）无论断路器是否带有机械闭锁，都应装设防止断路器“跳跃”的电气闭锁装置。

（4）应有反映断路器实际位置的位置信号，同时，自动合（跳）闸与手动合（跳）闸应显示不同的声、光信号。自动合（跳）闸时利用操作手柄位置与断路器实际位置不一致（不对应）来发信号。

（5）应有操作回路断线监视报警，及时发现操作回路的故障，以免事故时断路器不能跳闸。

（6）空气断路器应有气压降低闭锁，弹簧操动机构应有弹簧拉紧与否的闭锁，液压操动机构应有液压降低闭锁等。

（7）分相操作的断路器，应能监视三相位置是否一致。

（8）接线应简单可靠，使用电缆芯数应尽量少。

7.4.2　断路器的控制开关及其控制电路

断路器的控制开关是一种万能转换开关，俗称操作把手。控制开关的种类很多，发电厂和变电所常用的控制开关为 LW 系列自动复位的控制开关，有三种类型：

（1）LW1 系列控制开关。是跳、合闸操作只用一步，其手柄和触点只有一个固定位置和两个操作位置的控制开关。此种开关常用于水电站和无人值班的变电所中。

（2）LW2 系列控制开关。是跳、合闸操作都分两步进行，手柄和触点盒有两个固定位置和两个操作位置的封闭式控制开关。此种开关常用于火电厂和有人值班的变电所中。

（3）LWX 系列强电小型控制开关。其跳、合闸为一步进行，近年来在各种集控台的控制和300MW以上火电机组的分控室中已被广泛应用。

目前所采用的断路器控制电路，按其跳、合闸回路的监视方式不同可分为两类。

一类是将位置信号（红、绿灯）直接接在断路器的跳、合闸回路中，红灯亮表示断路器在合闸位置，同时表明跳闸回路是完好的；绿灯亮说明断路器在跳闸位置，同时表明合闸回路是完好的。红、绿灯都不亮说明灯坏或者控制回路断线了。这种接线称为双灯制灯光监视的断路器控制电路，广泛用于中小型发电厂和变电站中。

另一类是采用位置继电器来监视跳、合闸回路的完好性，有位置继电器的触点使位置信号灯（单灯）发光，并在跳、合闸回路发生故障（如断线）时，发出音响信号，因此这类接线称为单灯制具有音响监视的断路器控制信号电路，在大中型发电厂和变电站中得到广泛的应用。

7.5 中央信号系统

7.5.1 信号的作用和分类

对运行中的电气设备不仅要通过测量表计监测其工作状态，还要用各种信号显示其运行的正常或异常。发生故障时，除保护装置做出相应的反应外，信号系统能及时告知值班人员相关信息，以便及时进行处理。

用来反应故障和不正常工作状态的信号，通常由音响信号和灯光信号两部分组成。前者用来引起值班人员的注意，后者表明故障和不正常工作状态的性质和地点。音响信号由发声器具（蜂鸣器或警铃）来实现；灯光信号是由装设在各控制屏上的各种信号灯或光字牌（又称示字信号灯）来实现。反映事故或异常（故障）的信号装置设在中央控制室内，属全厂性公用设备，所以也称为中央信号系统。

发电厂的信号除事故信号、预告（故障）信号外，还有位置信号和指挥、联系信号。

7.5.1.1 事故信号

事故信号是当设备发生事故时，由继电保护或自动装置动作，在使断路器跳闸切除事故点的同时所发出的信号。通常是用蜂鸣器（电笛）发出音响并使相应的信号灯发光。

7.5.1.2 预告信号

预告信号是在机组及其他主要设备处于不正常（故障）状态时发出的信号，以提醒值班人员及时采取适当措施加以处理，防止故障进一步扩大发展为事故。预告信号采用电铃和光字牌显示。

7.5.1.3 位置信号

位置信号用来指示设备的运行状态。开关电器的通、断位置状态，机组所处的状态（准备起动状态、发电状态或调相状态）等，均由位置信号表示出来。例如，断路器合闸后红灯亮、跳闸后绿灯亮就是位置信号（又称为状态信号）。

7.5.1.4 指挥信号和联系信号

指挥信号用于中央控制室向各部门发出操作命令。联系信号用于各部门之间的联系。

7.5.2 弱电信号系统

信号回路按其电源可分为强电信号回路和弱电信号回路。我国以前采用较多的以冲击继电器为核心的中央信号属于强电信号系统，他有很多缺点，如反映信号不完善，动作次数有限，只能接受十几个信号，与计算机监控系统连接不方便等。

新型的信号系统多采用弱电信号回路，且采用模块式结构，根据工程需要，可选几个或几十个灯光盒、一个或两个音响盒，组成不同规模的模块式中央信号系统。

图 7.2 是由集成电路和微型中间继电器构成的模块式中央信号系统。图中二进制元件均为正逻辑约定，即高 H 电平对应逻辑 1 态，低 L 电平对应逻辑 0 态。

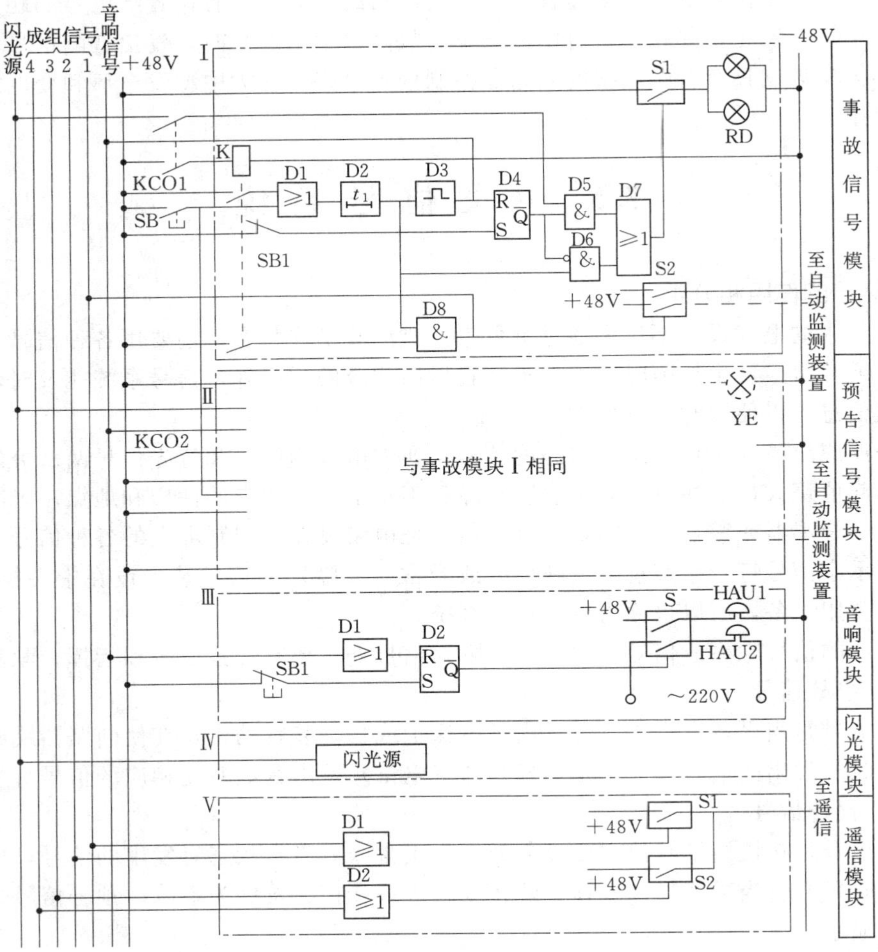

图 7.2　模块式中央信号系统

信号系统动作过程如下：

当一次系统中发生故障时，继电保护动作，其出口继电器的常开接触点 KCO1 闭合，继电器 K 线圈通电，事故信号模块 1 中的或门 D1 和与门 D8 有高电平输入，或门 D1 输出高电平，经延时元件 D2（延时可调）延时后分别启动单稳元件 D3、与门 D8 及与门 D6。此时与门 D8 输出高电平，S2 的常开触点闭合，一方面启动自动监测装置（事件记录器）；另一方面启动成组信号。D3 输入高电平后立即翻转，输出的低电平一方面输入至双稳元件 D4，另一方面启动音响信号模块，发出音响信号。

在音响信号模块Ⅲ中，或门 D1 输出低电平，使双稳元件 D2 输出高电平，使电子开关 S 闭合，启动蜂鸣器 HAU1。事故信号模块Ⅰ中，双稳元件 D4 输入低电平翻转后，将其输出的高电平送至与门 D5 并反相后，送至与门 D6。与门 D5 的另一输入端为闪光源，使其输出为间断信号，与门 D6 输出为低电平，二者作为或门 D7 的输入，使或门 D7 输出为间断信号，从而使模块Ⅰ中的电子开关 S1 时闭时断，使红色信号灯 RD 闪光。

按下模块Ⅲ中的音响解除按钮 SB1，模块Ⅲ中启动音响的双稳元件 D2 复归，电子开关 S 打开，音响停止；按下模块Ⅰ中的复归按钮 SB1，Ⅰ中的双稳元件 D4 复归，使其输出低电平，与门 D5 也随其输出低电平。与门 D6 因有两个高电平输入，则输出高电平，经或门 D7 使电子开关 S1 持续闭合，红色信号灯 RD 发平光。

事故消失，继电保护出口继电器触点 KCO1 断开，与门 D8 输出低电平，自动切除送往自动监测装置的信号，与门 D6 也输出低电平，红色信号灯 RD 熄灭，模块Ⅰ复归。

预告信号模块Ⅱ与事故信号模块结构相同，动作原理也相同，不同的是预告信号模块延时较长，信号灯颜色为橘黄色（YE）。

若干个信号模块公用一套试验按钮 SB、一套音响模块和闪光灯模块。当按下试验按钮 SB 时，因为与门 D8 此时只输入一个高电平信号，因而输出低电平，不能启动自动监测装置及发遥信。

7.6 弱电选线控制

7.6.1 弱电选线控制及其优点

在发电厂和变电所的控制和测量系统中，以前多采用强电电源，即用直流 220V（或 110V）以及交流 100V 作为电压源，用交流 5A 电流作为电流源。这就使控制设备和仪表的体积较大，电缆较粗，控制屏台和主控制室也显得庞大，相应的投资也大。为改进这种状况，可采用较低的电压和较小的电流作为操作和信号电源（通常采用直流 12、24、48V 和交流 50V 电压，1A 或 0.5A 电流），这种方式称为弱电监控。

按开关电器操作方式不同，操作电路分为按对象分别操作和选线操作两类。前者是指一个控制开关对一个操作对象进行的操作，又称为一对一操作。后者则是通过选择操作对象和分组进行操作的方法，在控制台上用较多的操作设备去操作较多的操作对象，又称为一对 n 操作。

选线操作可以是强电也可以是弱电。操作对象不多的发电厂和变电所，多采用一对一操作。当操作对象较多时，采用弱电选线操作会有显著的经济效益。

弱电选线操作按其所采用的逻辑元件不同，分为有触电和无触点两类。前者是利用弱电小开关和有触点的电磁继电器等构成的逻辑电路，对断路器进行操作；后者则是利用无触点器件如半导体器件等为主要逻辑元件所构成的逻辑电路对断路器进行操作。目前还是有触点弱电选线控制在大、中型发电厂中应用较为广泛。

弱电控制中用的弱电电缆很细（线芯仅 0.8～1.0mm^2），设备比较小巧，使控制屏台和主控制室面积也较小。控制屏台的结构常用的有两种，一种是控制台与返回屏分开结构，另一种是屏台合一结构。

屏台分开结构由控制台和布置于控制台前的信号返回屏组成，适用于主接线复杂，被控对象较多的情况。控制台上布置选控按钮、控制开关及少量仪表；而信号返回屏上则有全厂电气主接线图，图中断路器和隔离开关等被控对象由灯光信号显示其状态。

屏台合一结构适用于主接线比较简单，被控对象较少的情况。将测量仪表、光字牌等布置在屏台较矮的直立面上，台面上则布置选控按钮、控制开关等元件。此种结构更加紧凑，操作直观方便。

7.6.2　断路器弱电有触点选线控制电路

图 7.3 为具有信号返回屏的断路器弱电选控回路。控制对象与其选控按钮一般是一对一的，即每一断路器都有各自的选控按钮；也有采用#0～#9 按键式选择对象号的。而跳合闸操作是分组进行的，例如将发电机、主变压器和厂用变压器等几台断路器分为一组，将 220kV 若干台断路器分为另一组，将 110kV 断路器分为第三组……，每一组只设一个公用的断路器控制小开关 SA。下面以选线操作断路器 QF_1 为例，介绍选线操作步骤如下：

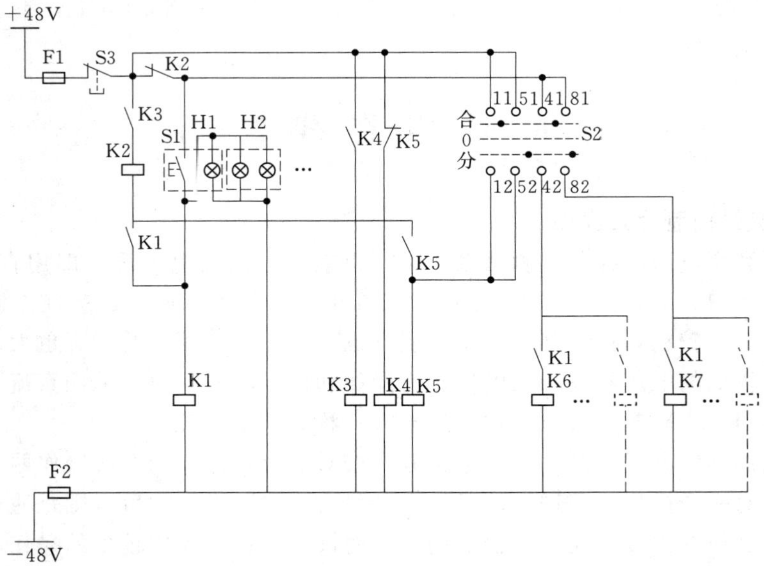

图 7.3　断路器弱电选控回路

(1) 操作对象选择。先按下对应 QF_1 的选线按钮 S1，按钮内的指示灯 H1 和信号返回屏上的对象灯 H2 点亮。同时对应的选线继电器 K1 动作，并通过自身的常开触点 K1 实现自保持（经触点 K3 和闭锁继电器 K2 实现自保持，操作前复归继电器 K3 的常开触点处于闭合状态）。K1 另外两对常开触点闭合，分别使跳、合闸继电器 K6 和 K7 处于待命状态，等待跳闸或合闸的命令。

(2) 对象执行操作。操作公共的控制开关 S2 进行跳闸或合闸操作，合闸操作时，使 S2 手柄向“合闸”方向右旋转 45°，其触点 11－12 和 41－42 接通。触点 41－42 接通合闸继电器 K6，K6 又启动合闸接触器，使断路器合闸。

如断路器原来在合闸状态，需要进行跳闸操作时，将公共控制开关 S2 的手柄向“跳闸”方向左旋转 45°，其触点 51－52 和 81－82 接通。触点 81－82 接通跳闸继电器 K7。由 K7 启动跳闸接触器，使断路器跳闸。

（3）自动复归。在操作完成之后，选线操作回路能够自动复归原状，等待下一个选线操作。在手动合闸过程中，S2 的触点 11－12 接通，使复归继电器 K5 带电，并通过其自身的一对触点实现自保持，另一对常闭触点断开复归继电器 K4，K4 触点又使复归继电器 K3 断电，使常开触点 K3 打开切断选线继电器 K1 的自保持回路，选控回路随着操作的完成自动复归。

（4）对象闭锁。在选线操作中，设有“先选有效”回路，只能选择一个操作对象，防止多台断路器同时进行跳、合闸操作情况发生。在选线操作回路中装设了选线闭锁继电器 K2，起选重闭锁作用。

当 K1 动作并自保持后，闭锁继电器 K2 动作，其常闭触点 K2 断开，切断向本选线操作分组所有的选线按钮供电的电源，以保证每次只选择一个被操作的对象。

（5）误选复归。根据信号返回屏上点亮的对象灯 H2 核对所选择的操作对象是否正确，防止误操作。如发现操作对象选择有误，可重新选择操作对象，先按下复归按钮 S3，切断已选择对象的自保持回路，使选线开关和闭锁继电器复归，然后重新选择操作对象。

7.7 水电站计算机监控系统

水电站计算机监控系统是利用数字电子计算机对水电站的电能生产过程进行的一种控制。采用计算机控制的目的，是为了提高水电站的自动化水平、供电质量、安全运行水平、劳动生产率和经济效益等。

7.7.1 水电站中计算机可实现的功能

一般可实现如下几个方面的功能：

7.7.1.1 自动监测

（1）运行参数监视。对生产过程中的各种参数周期性地进行巡回检测，若发现参数超出正常范围则立即报警、显示、记录。

（2）打印制表。定时打印必要的运行参数，供运行分析，代替运行人员手工抄袭。

（3）趋势分析和预报。除随时响应控制对象发生的异常现象外，还可对异常情况的运行趋势进行分析并提出采取相应措施的报告。

7.7.1.2 自动计算

（1）机组最佳运行台数计算。根据水电站具体条件通过一定数学模型进行计算，确定最佳的运行机组台数，使电站在最佳工况下运行。

（2）机组功率经济分配计算。根据电力系统的要求和电站具体条件，确定机组间有功和无功功率的经济分配，提高电站运行的经济效益。

（3）其他计算。例如稳定计算、电力电量平衡计算等。

7.7.1.3 自动控制与调节

自动开机和并列，自动解列及停机，运行工况的自动转换，机组有功无功负荷自动调节，自动执行经济调度以及根据系统调度的遥控或遥调指令进行自动控制等。

7.7.1.4　自动事故处理

电站出现事故时，计算机能对各参数的变化和各种装置的动作情况进行记录和存储，对事故进行分析和报告。有些情况下能转而执行预先制定好的事故处理程序，自动对事故进行处理。

7.7.1.5　生产的经营管理、统计及其他

根据系统调度命令和设备状况，编制和修改运行计划，核算和分析运行指标、电站的生产管理和办公管理等。

7.7.2　计算机监控系统

计算机监控系统由微型计算机（即微机或主机）系统和监控对象（即生产过程）两部分组成，如图 7.4 所示。

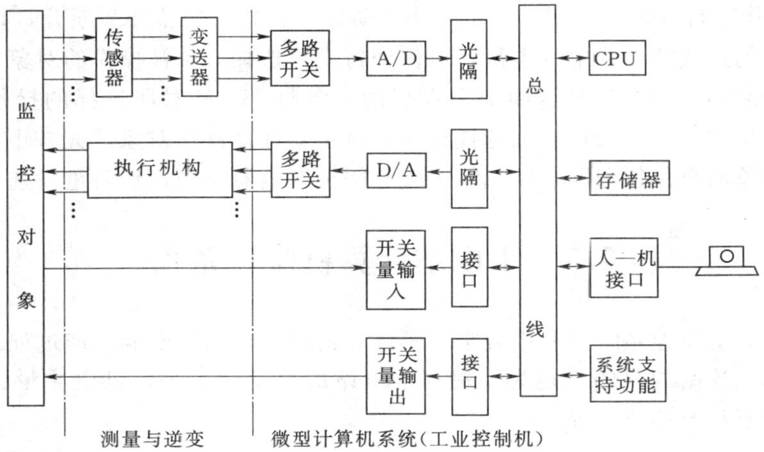

图 7.4　微机监控系统组成框图

计算机监控系统包括硬件和软件。硬件是指微机本身的各器件、外围设备及总线。软件是指系统程序以及过程控制应用程序。微机系统本身通过总线和各种接口及外围设备与监控对象进行联系，并对监控对象进行监视和控制。

图 7.4 中被测参数经传感器、变送器转换成统一的标准信号，再经过多路开关送到模/数转换器 A/D，转换后的数字量通过光电隔离器和总线送入微机，这就是模拟量输入通道。在计算机内部，用软件对采集到的数据进行处理和计算，然后经输出通道将输出的数字量通过数/模转换器 D/A 转换成模拟量，再经多路开关与相应指向机构相连，以便对被测参数进行控制。

7.7.2.1　硬件

计算机监控系统的硬件由主机、接口、总线及外部设备组成。由于监控系统完成的功能不同，组成计算机监控系统的硬件也不同。一般可以根据监控系统的需要随意扩展。

（1）主机。主机主要包括中央处理器（CPU）和存储器，是整个监控系统的核心。它通过总线向系统各部分发出各种命令，并对系统的各参数进行巡回检测、数据处理、控制计算、报警处理、逻辑判断等。

（2）接口与输入输出通道。接口与输入输出通道是主机与监控对象进行信息交流的组

带。无论监控对象向主机输入数据或是主机向外部发出命令都是通过输入输出通道和接口进行的。在信息传输过程中，由于微机只接受数字量，而实际生产过程中使用的是模拟量，所以要经过模数转换器 A/D 或数模转换器 D/A 的转换。根据功能和传输数据的方法，接口和输入输出通道有串行和并行两种。

(3) 人机接口。人机接口是为扩大主机功能而设置的，主要有显示器终端（CRT）、打印机、磁盘驱动器、键盘等，用来显示、打印、存储、传输数据。

(4) 其他系统支持功能模块。系统支持功能包括程序运行监视系统（WATCHDOG）、电源掉电保护和实时日历钟。

当监控系统因干扰或其他原因出现某些异常情况，如程序脱离正常流程进入死循环时，整个系统完全处于瘫痪状态，此时程序运行监视系统能自行动作，牵制系统复位，摆脱死循环。当系统出现电源掉电故障时，为了防止微机系统丢失主要数据，通常采用掉电保护。掉电保护由相应的硬件电路构成。当检测到掉电信号后，该硬件电路启动，把当时的重要参数、数据、专用寄存器内容和中间结果暂时存入微机内部数据存储器中，以便上电后，系统能从中断点处继续运行。

(5) 检测与变送设备。各种检测与变送设备是为收集和测量各种参数而设置的。它们的主要功能是把较大的交流信号变成正比于被测信号的直流电压信号和把非电量的检测参数变为电信号，如压力变送器把压力变为电信号，温度变送器把温度变成电信号等。这些电信号变成统一的计算机标准电压后，送入微机。

(6) 总线。计算机监控系统的总线是数据总线、地址总线和控制总线的总称，是传送规定信息的通道。计算机监控系统的主机板和各种外围功能板（功能板有很多类型，如 I/O 接口板，A/D、D/A 转换板，打印机接口板等）之间通过系统总线联系起来，使系统内各种数据和命令通过总线送到各自要去的地方。系统总线均为标准总线，系统总线有 S-100，STD 和 BASE 等型式。此外，系统与系统之间的联系则是通过通信总线实现的。

7.7.2.2 软件

计算机监控系统的软件是指能完成各种功能的程序。微机通过软件可实现对监控对象的监视、控制、计算、管理等功能。软件按功能可分为系统软件、应用软件和数据库。

系统软件是厂家提供的基本服务性程序和管理程序，主要包括：对语言的汇编、解释和编译程序；对微机进行管理调度的操作系统；其他服务性的程序，如调试程序、故障诊断程序；开发系统。

应用软件是用户根据功能需要编制的程序，主要包括数据采集、滤波程序；监视控制和计算程序；经济和安全运行程序等。

数据库（支持软件）是建立数据的表格和型式的数据管理程序，用以显示、查询、修改、调用数据。

7.7.3 计算机监控系统基本模式

水电站计算机监控系统的模式可根据计算机在水电站监控系统中的作用和采用的控制方式两个方面来划分。

7.7.3.1 计算机监控系统的模式

根据计算机在水电站监控系统中的作用可划分为以下三种系统：

（1）计算机辅助监控系统（CASC）。采用这种模式时电厂的控制操作主要仍由常规的自动装置来完成，计算机监控系统主要实现运行监视、数据采集、数据处理、事件记录、打印制表和经济运行计算等功能。这样可提高电厂的安全运行和自动化管理水平，并可取得一定的经济效益。采用这种模式，运行中计算机监控部分即使发生故障，水电站仍能维持正常运行，只是部分功能暂时不能实现。这种模式对计算机监控系统的性能要求可以低些，因而其投资也较低，比较容易实现。

（2）以计算机为基础的监控系统（CBSC）。CBSC系统的特点是水电站的主要监控功能均由计算机监控系统完成，常规的控制装置可以取消，仅保留一小部分现地操作控制设备在特殊情况下备用。采用这种模式，对计算机监控系统的性能有很高的要求，随着计算机及电子技术的发展，应用冗余技术，配置双CPU、多CPU的装置均能满足水电站监控系统可靠性的要求，使监控系统的利用率接近100%。CBSC系统是水电站实现计算机监控的发展方向，目前国内许多大、中型水电站均采用这种系统。

（3）计算机与常规装置双重监控系统（CCSC）。采用CCSC系统，水电站具备两套各自独立的监控系统可以相互备用，这是一种由CASC方式向CBSC方式过渡的一种系统。随着计算机监控系统运行经验日益丰富及装置可靠性的提高，今后会有更多的电厂采用CBSC方式系统。

可见，以常规自动化装置为基础的计算机辅助监控系统（CASC）的优点为当计算机系统发生故障时，仍能维持电厂的正常运行，只是暂时失去部分功能；缺点是整个系统的功能比较低，对整个电厂自动化水平的提高有一定限制。这种系统只能是一种过渡模式，最终还是要向CBSC模式发展。而计算机与常规装置双重监控系统（CCSC）的最大优点是可靠性很高，由于保留着较完善的常规控制系统，会使系统复杂，并增加设计、安装调试等工作量及自动化系统的造价。同CASC系统一样随着计算机技术的发展，特别是计算机系统可靠性的大大提高，CCSC系统也会逐渐向CBSC系统转化。以计算机为基础的监控系统（CBSC）是今后水电站实现计算机监控的主要方向，目前国内外大中型水电站基本上都采用这种模式，在实际运行中具有极高的利用率。

7.7.3.2　计算机监控系统的控制方式

根据计算机在水电站监控系统中的控制方式划分如下四种：

（1）集中式监控系统。设置一台或两台计算机对整个水电站进行集中监视、控制，构成集中式监控系统。然而这种系统存在其不足。首先，由于水电站所有信息都要送到计算机进行处理，所有操作、控制命令都由计算机发出，因而计算机故障，将导致全系统瘫痪。其次，生产过程所需采集的状态和参数均直接引入计算机，当机组台数较多时，将使现场敷设电缆过多、过长。

随着微机技术的发展，计算机价格日益降低，目前大、中型水电站均不采用集中式监控系统方式。在一些机组台数不多，控制功能要求较简单的中、小型水电站中，仍然可以采用这种方式的监控系统。

（2）分散式监控系统。分散式监控系统是指以功能分散为主要特征，使监控系统实现负载分散、危险分散、功能分散、地域分散。就水电站生产过程监控系统的功能而言，主要是数据采集、控制调节和事件记录等功能，因此可以按照这些功能设立多套相应的设备，独立完成各自的功能。

功能分散式监控系统并没有解决信息过于集中的问题，某个单功能装置计算机故障，则全厂功能因这部分功能将全部丧失，影响较大。近年来，多为分布式监控系统所取代。

（3）分布式监控系统。分布式监控系统是指以控制对象分散为主要特征。就水电站而言，控制对象主要是水轮发电机组、辅助设备、开关站、公用设备、闸门及船闸等。按控制对象为单元设置多套相应的装置，构成水电站的现地控制单元（LCU），完成控制对象的数据采集和处理、机组等主要设备的控制和调节及装置的数据通信等功能。

水电站采用分布式处理一般与电厂分层控制结合起来，形成水电站分层、分布式控制系统。这种模式在国内外水电站得到日益广泛的应用。

（4）全开放、全分布式监控系统。这是近年来发展并得到广泛注意的一种工业控制系统。计算机技术的飞速发展，使硬件升级换代周期不断缩短，同时，硬件费用不断下降，而软件费用比重却在不断上升，尤其是用户的应用软件投资更显得重要。为此，提出了全新的开放系统观念，即：应用软件可移植性；不同系统之间的相互操作性；用户的可移植性。这种新系统是围绕着应用软件接口标准、网络通信接口标准和用户操作接口标准，遵循国际组织 IEEE、ISO、IEC 等有关标准组成一个开放式的网络，采用以开放式网络操作系统为基础的计算机操作系统。根据分布控制对象而设置的现地控制单元（LCU），也按标准通用规约接入网络。这样形成的系统，除具有上述各类模式的优点外，最大的特点是具有开放性，同时系统扩展、升级更新都非常方便。其应用软件可以在新设备、新环境下运行，保护了用户的利益，实现了应用软件的移植。

在分布式系统基础上，全开放、全分布式监控系统的整个系统设备都遵循有关国际规约接入一个全开放的网络，并采用开放式操作系统。这样，可以共享资源，硬件的增减、更换也很方便，只要符合规约的设备均可接入。这是今后大中型水电站计算机监控系统模式发展的方向。

7.7.4 水电站计算机监控系统实例

7.7.4.1 工程概况

龙滩水电站位于广西天峨县境内，是红水河上游大型骨干电厂，设计总装机容量 6300MW，安装 9 台单机容量 700MW 的混流式水轮发电机组。电站通过 5 回 500kV 的电压等级线路接入电力系统，在南方电网中主要承担发电、调压、调峰、调频等任务。由于单机容量大，运行方式复杂，对控制系统的可靠性、实时性要求很高。负责全厂 9 台机组、500kV 开关站、公用系统等全厂设备实时监视和自动控制重任的计算机监控系统，采用了与电站其他部分同步设计、同步投运的方式进行，保证了从电站首台机组发电起就将整个电站的实时运行纳入计算机监控系统的自动控制之中。

电站主站级和和现地控制单元级通过 100Mbit/s 工业双光纤高速以太环网（符合 IEEE 802.3 标准）相连，其良好的令牌协议（Token Bus），使得各上位机系统与现地控制层可编程逻辑控制器（PLC）以对等的方式进行通信。系统各部分均由 2 层通信网络构成，层次清晰，运行稳定，易于扩充及维护，通过不同的软/硬件体系结构与功能结合，一起完成全厂众多复杂的实时监控功能。系统结构如图 7.5 所示。

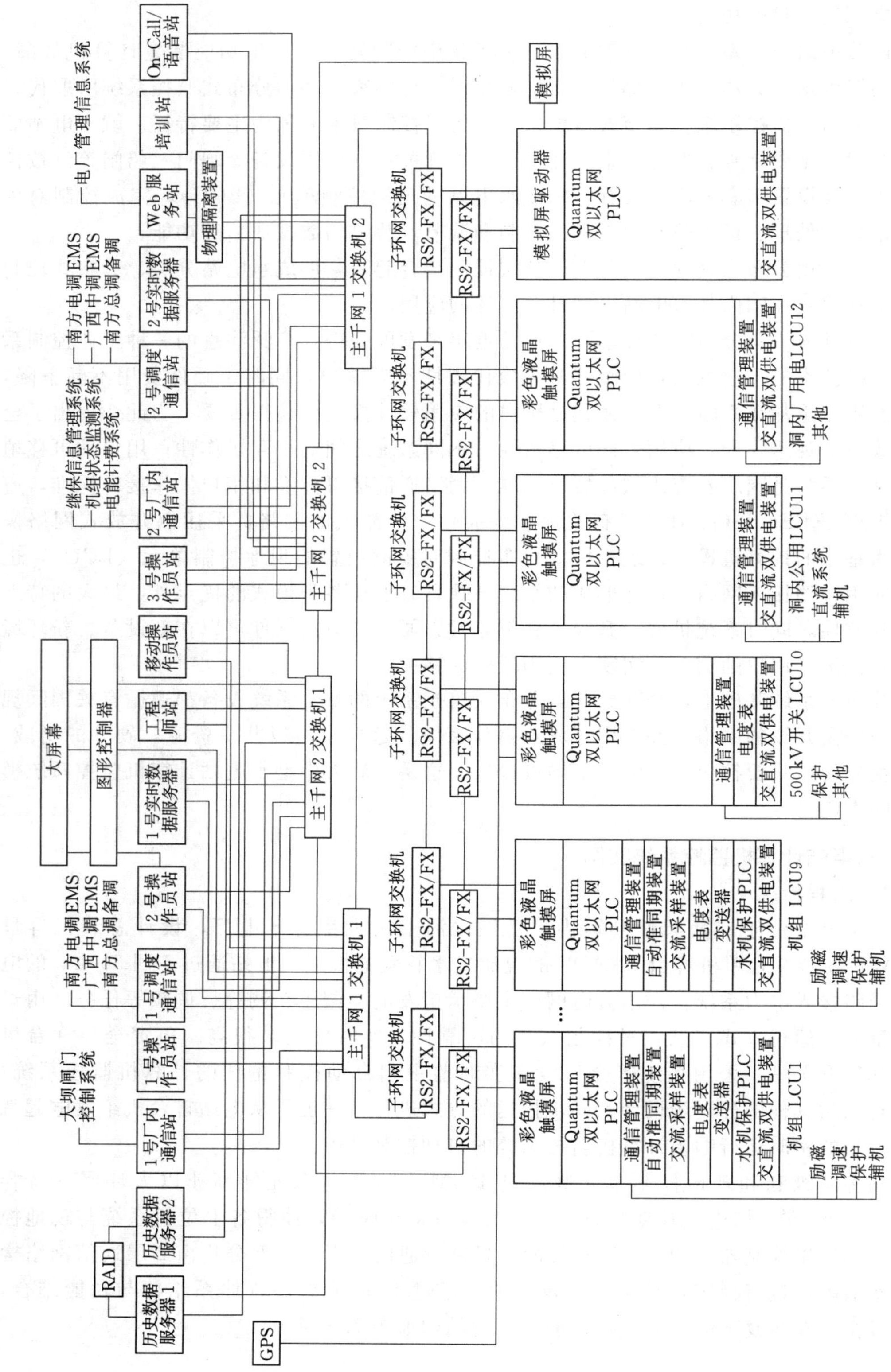

图 7.5　龙滩水电站计算机监控系统结构图

7.7.4.2 现地控制单元级

龙滩水电站现地控制单元采用分布式设计，保证现地控制单元与主站级系统脱离后仍能在当地实现对有关设备的监视和控制，与主站级恢复联系后又能自动服从主站级系统的控制和管理。现地控制单元主要完成对被监控设备的数据采集、顺序控制流程、逻辑控制流程以及与系统中其他装置的数据交换和状态采集。

由于龙滩水电站在电网中的重要性，所以该系统中的机组、开关站、厂用与公用设备等现地控制单元 CPU 采用双套发过 Schneider 公司最高端 Unity67160 热冗余 CPU。

Unity67160 与 I/O 模件之间采用典型的 MODICON 内部 OVER BUS 总线方式连接；远程 I/O 采用 RIO（1.544M bit/s）方式，使用 RG-6U 同轴电缆作为通信介质。对机组进水口闸门的控制，由于远程 I/O 机柜距离较远，且考虑重要性、安全性，从而配置了光纤中继器（490NRD95400），通过光纤介质进行通信；与触摸屏（Schneider XBTG6330）、交采装置（ALSTOM 百超）之间采用 MB+（MODBUS PLUS 1M bit/s）通信；调速、励磁等系统通过 MB（MODBUS 9600 bit/s）网与之通信。

7.7.4.3 主站级

电站主站级系统由 4 个主要部分组成。

从监控系统的安全性、可靠性出发，操作员工作站和历史、实时数据服务器均设计为双机冗余热备工作方式，任何一台计算机故障，不会影响系统的正常运行，在主用机发生故障时，备用机迅速接管其工作，可以不中断任务且无扰动地成为主用机运行，保证系统高可用性。同时将服务器节点的状态及时反映出来，极大地方便了运行和维护人员的监视和处理。

（1）操作员工作站。实现对电厂生产、设备运行的实时监视和操作控制，并通过语音报警提醒运行人员注意设备事故或故障的发生。从系统安全性考虑，工作站主机放置于监控机房，键盘、鼠标、显示器放在中控室，中间通过 KVM（键盘、鼠标、显示器）延长设备相连。电站包括 4 套操作员工作站，其硬件平台为 CPU 主频 1.28GHz 的 Ultra-SPARC IIIi 型 64 位 SUN UNIX 工作站（SunBlade 2500），内存为 4G，采用 SUN Solaris 9.0 操作系统以及 NC2000 系列应用软件。4 套中的一套为移动操作员工作站，作为电站发电初期和以后大修调试之用。

（2）辅助工作站。包括工程师站和培训工作站，主要供电站维护和运行操作人员修改系统参数、修改定值，增加和修改数据库、画面、报表，以及运行人员的离线培训。辅助工作站与操作员工作站配置完全相同。

（3）应用工作站。包括报表及电话语音报警、厂内通信、调度通信、历史查询和 Web 工作站，实现报表的生成和打印、事故自动寻呼（On-call）、短信群发；负责与厂内自成体系的系统进行数据通信，进行历史数据查询，负责与南方网调系统和广西壮族自治区调系统进行数据通信，完成历史数据的备份，以及在保证监控系统安全的前提下，与电站管理信息系统（MIS）连接。

（4）数据服务器。是龙滩水电站上位机系统的核心部分，包括实时数据服务器和历史数据服务器集群。实时数据服务器主要实现龙滩水电站的实时数据采集、实时数据库管理、综合计算、自动发电控制/自动电压控制（AGC/AVC）计算和处理、事故故障信号的分析处理，以及 NC2000 系统的管理功能，历史数据服务器集群主要实现电站控制的信息管理、历史数据以及历史事件的显示、存储和归档。

全球定位系统（GPS）的时钟同步系统、网络安全隔离装置均采用南瑞集团公司开发的 SZ－SW、SysKeeper－2000 系列产品，路由器采用 CISCO 公司的 CISCO2651，大屏幕显示器采用德国 Barco 公司的大屏幕控制系统及投影显示器。

习题与思考题

7.1　发电厂的主要控制方式有哪些？主控制室控制有何特点？

7.2　二次接线图有哪几种类型？各有何用途？

7.3　展开式原理接线图有哪些特点？

7.4　断路器控制回路要满足哪些基本要求？

7.5　何谓断路器的"跳跃"？控制回路中，防止"跳跃"的措施是什么？

7.6　发电厂弱电选线控制的特点是什么？有何优点？

7.7　弱电控制方式中"先选有效"的含义是什么？

7.8　发电厂中央信号包括哪些内容？作用是什么？

7.9　水电站中计算机能承担哪些任务？

7.10　计算机在水电站监控系统中的控制方式有哪些？各有何特点？

参 考 文 献

［1］ 潘文霞．电工学与电气设备［M］．北京：中国水利水电出版社，2008.

［2］ 熊信银．发电厂电气部分［M］．4版．北京：中国电力出版社，2009.

［3］ 王士政，冯金光．发电厂电气部分［M］．3版．北京：中国水利水电出版社，2002.

［4］ 姚李孝，朱雪凌．发电厂电气部分［M］．北京：中国水利水电出版社，2011.

［5］ 黄庆丰，金永琪．水电站电气设备［M］．郑州：黄河水利出版社，2009.

［6］ 阮全荣，孙帆．水电站电气设备选择与布置［M］．北京：中国水利水电出版社，2013.

［7］ 大型水电站电气设备布置图册编委会．大型水电站电气设备布置图册［M］．北京：中国水利水电出版社，2008.

［8］ 李鸿雁．水利水电工程概论［M］．北京：中国水利水电出版社，2012.

［9］ 许强．水电站电气工程［M］．北京：中国水利水电出版社，2001.

［10］ 夏道止．电力系统分析［M］．北京：中国电力出版社，2009.

［11］ 韩祯祥．电力系统分析［M］．杭州：浙江大学出版社，2005.

［12］ 中华人民共和国国家发展和改革委员会．水力发电厂机电设计规范：DL/T 5186—2004［S］．北京：中国电力出版社，2005.

［13］ 中华人民共和国国家发展和改革委员会．水力发电厂高压电气设备选择及布置设计规范：DL/T 5396—2007［S］．北京：中国电力出版社，2008.

［14］ 中华人民共和国国家发展和改革委员会．高压配电装置设计技术规程：DL/T 5352—2006［S］．北京：中国电力出版社，2007.

［15］ 中华人民共和国住房和城乡建设部．电子信息系统机房设计规范：GB 50174—2008［S］．北京：中国计划出版社，2008.